Andrea Payaro

ORGANIZZARE IL MAGAZZINO

OLTRE 100 SUGGERIMENTI PRATICI, CASI ED ESEMPI PER LAVORARE CON EFFICIENZA

Società Editrice
ESCULAPIO

ISBN 978-88-7488-683-8

Società Editrice Esculapio s.r.l.
Via Terracini, 30 – 40131 Bologna
www.editrice-esculapio.com – info@editrice-esculapio.it

Impaginazione: Giancarla Panigali, Carlotta Lenzi

Società Editrice
ESCULAPIO

Ringraziamenti
Organizzare il Magazzino

Ogni lavoro, anche il più semplice, assume un significato diverso nel momento in cui qualcuno dimostra di credere in te. Questo volume, riassunto di lezioni universitarie, interventi in azienda, presentazioni a corsi di formazione, si è concretizzato nel momento in cui le persone a me più care hanno condiviso le mie idee. Anna Rita mi ha dato sempre forza soprattutto nei momenti in cui sentivo la stanchezza nel scrivere e disegnare le varie figure. Anna Rita mi ha anche dato una nuova gioia di vita: Alice Tea. I miei genitori hanno pazientemente aspettato, dimostrando la loro completa fiducia su ciò che stavo facendo. Palma Maranò il cui insostituibile aiuto ha dato origine alla parte grafica lavorando nei week end.

A livello professionale un ricordo va sicuramente al Prof. Francesco Da Villa che nel breve periodo in cui ho avuto modo di conoscerlo mi ha contagiato con il suo entusiasmo per la materia. Ringrazio inoltre i professori del Dipartimento di Innovazione Meccanica e Gestionale dell'Università di Padova che mi hanno dato delle opportunità per mettere a frutto le teorie e le pratiche qui presentate; in particolare i Professori Giovanni Bernardi, Roberto Panizzolo, Stefano Biazzo. La mia stima ai Professori Barbara Di Bernardo, Vasco Boatto, Antonio Borghesi, Fabrizio Dallari, Zeno D'Agostino, Luca Lanini, Luca Rossetto.

AILOG (Associazione Italiana Logistica e Supply Chain Management) si è dimostrata un ambiente stimolante in cui apprendere nuovi concetti grazie al confronto con managers di grandi realtà aziendali multinazionali e nazionali. Si ringrazia in particolare il Presidente AILOG Paolo Bisogni e l'Ing. Tullo Mosele. Per ultimo, ma assolutamente non ultimo, un particolarissimo ringraziamento a un grande logistico italiano, past president AILOG e che ha ricoperto la carica di Vice Presidente ELA (European Logistics Association), l'Ing. Giovanbattista Marini che mi ha concesso l'onore di avere una sua prefazione.

Da ultimo, ma non ultimo, un ringraziamento alle persone che mi hanno "insegnato il mestiere" coinvolgendomi in interessanti progetti come l'Ing. Franco Parpaiola.

Andrea Payaro

Presentazione

Una delle criticità per chi vuole gestire efficientemente il magazzino è la difficoltà di reperire un testo in grado di spiegare con semplicità i concetti dell'organizzazione del magazzino. I documenti presenti in letteratura sono orientati a un lettore esperto con buone competenze matematiche.

La realtà imprenditoriale del territorio italiano è invece caratterizzata da una miriade di piccole imprese i cui titolari e/o responsabili hanno maggiori esigenze di concetti operativi rispetto a quelli, comunque importantissimi, basati sulle teorie organizzative. Questo libro intitolato "Organizzare il magazzino: oltre 100 suggerimenti pratici, casi ed esempi per lavorare con efficienza" vuole fornire delle risposte il più operative possibile a chi deve progettare e gestire un magazzino.

I temi affrontati riguardano i vari ambiti del magazzino, dal ricevimento della merce, allo stoccaggio, ai sistemi di movimentazione, alle infrastrutture, fino alle operazioni di picking e di spedizione. Questo libro aiuta chi nel magazzino ci lavora e chi lo deve controllare e organizzare. Le semplici tabelle, le figure e i grafici aiutano inoltre nella messa in pratica dei consigli.

Gli argomenti trattati sono presentati in modo sintetico, semplice e soprattutto pratico. Un insieme di suggerimenti operativi accompagnati da qualche spiegazione teorica e molti esempi. Si è cercato, basandosi anche su letteratura straniera, di eliminare dove possibile i grafici e il ricorso alla matematica. Obiettivo quindi trasferire il SAPERE FARE e non il solo SAPERE. Alcuni temi importanti si sono comunque dovuti affrontare anche se la loro trattazione è stata superficiale ma esaustiva. Si tratta della gestione delle scorte, del calcolo del lotto economico e della valorizzazione delle scorte.

Infine, le tecniche e i modelli spiegati "guardano avanti" e tengono in considerazione i cambiamenti in atto. Si trattano temi come le forme innovative di organizzazione basate sulle pratiche sviluppate da tempo in Toyota (Toyota Production System, conosciuto anche come modello Lean o a Miglioramento Continuo). Un intero capitolo è infatti dedicato alla lean manufacturing e alle sue applicazioni di magazzino.

Andrea Payaro

Prefazione

E' con molto piacere che possiamo presentare un libro che parla del magazzino. Nella letteratura logistica italiana non è molto frequente trovare testi specialistici relativi ai singoli aspetti del problema logistico: gli autori amano spaziare sui discorsi generali, sui problemi strategici, sulle tendenze in atto, non si soffermano più di tanto sulle singole questioni gestionali,che veramente rappresentano i punti caldi della realtà di tutti i giorni. E poi oggi è di moda la terziarizzazione, affidiamo perciò a società terze la gestione della distribuzione, tra cui anche quella del magazzino, si arrangeranno loro a decidere in merito alle scelte di scaffalature e di carrelli, di metodi di stoccaggio e di sistemi di picking, l'importante è che ci diano il servizio che vogliamo: ecco allora un libro per questo tipo di aziende. Nulla di più sbagliato!

E lo si vede già dalle prime pagine, che vorrebbero rispondere alla domanda: "il magazzino, perché?". Qui infatti la questione non è "a chi affidiamo gli stoccaggi di prodotti, o di altri materiali", ovvero "quali sistemi impieghiamo", ma invece ci chiediamo "perché dobbiamo tenere queste scorte?" Abbiamo problemi di difficile prevedibilità della domanda, ovvero di inattendibilità dei fornitori, o problemi legati a questioni di prezzo/quantità? E poi parliamo subito di denaro: come facciamo a quantificare il valore di quel che c'è a magazzino, con quali criteri? Questi discorsi occupano i primi due capitoli del libro e, come si vede, sono discorsi di strategia aziendale, non di metodi o di attrezzature. Ma, appena iniziata la lettura, ci siamo già resi conto di quella che è la caratteristica di questo libro: il grande aspetto pratico. La lettura è molto agevole, le parti di testo sono molto chiare, ma sono subito interrotte da esempi anche molto dettagliati, si propongono tabelle che permettono il raggruppamento ordinato dei dati, si offrono sempre suggerimenti operativi: siamo in presenza di un connubio molto efficace tra un serio testo e un manuale operativo.

Proseguiamo ora il nostro itinerario: se siamo stati capaci di rispondere agli interrogativi che ci siamo precedentemente posti e ci siamo convinti che un magazzino è necessario, nei i due capitoli successivi ci avviciniamo ai problemi gestionali fondamentali, e cioè alla scelta dei criteri con i quali disporre i materiali nel magazzino stesso, e poi alle modalità per effettuare l'operazione più delicata, quella della estrazione dei materiali dalla scorta, con la relativa preparazione delle commesse da spedire. Si parla allora del vari modelli per il posizionamento dei materiali e si introducono i criteri di stratificazione dei prodotti secondo l'analisi ABC, da accoppiare allo studio dei cicli di carico/scarico; molto vasta la trattazione del problema del picking, giustamente indicato come uno dei più importanti nella gestione del magazzino, perché è tra l'altro una attività che si riflette direttamente sul servizio e perciò sulla soddisfazione del cliente.

Ma torniamo un attimo al titolo, che indica chiaramente che ci occupiamo di organizzazione del magazzino, tra l'altro anche di problemi tecnici, ma soprattutto di problemi organizzativi e di gestione. E' giusto quindi a questo momento porci la questione: con quali criteri effettuiamo la gestione delle scorte dei materiali che sono custoditi nel magazzino? Una piccola trattazione sul tema della gestione delle scorte è ora necessaria, e quindi si parlerà di rifornimento a punto di riordino e di lotto economico di riordino, di MRP e infine anche un cenno al Just in Time. Si ripassa poi ai nostri problemi tecnici considerando il tema del riconoscimento automatico delle informazioni in tutte le fasi della movimentazione dei materiali, e quindi approfondendo l'argomento dei codici a barre.

Per chiudere i discorsi di tipo organizzativo del magazzino, viene ora un capitolo con le "filosofie orientali di gestione del magazzino". Orientali vuol dire "giapponesi", e ci si riferisce qui a quella che nel mondo occidentale è chiamata la "lean production", nome affibbiato appunto da noi occidentali agli originali processi di produzione giapponesi, chiamati quando erano nati con il nome di Just in Time. E' noto che questi sistemi di gestione si possono applicare nella loro integrità solo alle produzioni della grande serie, ma è altrettanto noto che singole parti possono essere applicate anche a differenti sistemi di produzione o di distribuzione: ecco che allora si parla di lean production, nella quale da un lato si cerca di ridurre al minimo l'utilizzo delle risorse, dall'altro si riducono al minimo gli sprechi (e tra questi ve ne sono vari che attengono anche al magazzino, quali attese, trasporti, movimenti, scorte, difettosità). E allora parliamo di sistema kanban, di Total Productive Maintenanace o TPM, di FMEA o Failure Mode and Effect Analisys, di Jidoka ossia della migliore integrazione uomo-macchina, di SMED ovvero di Single Minute Exchange of Die (più volgarmente, la riduzione dei tempi di attrezzaggio), di RPN o Risk Priority Number e di varie altre diavolerie che abbiamo derivato dai metodi giapponesi. E' un bel ripasso di questi sistemi di gestione, sicuramente applicabili come detto in moltissimi contesti produttivi o distributivi.

Siamo agli ultimi due capitoli, questa volta con un ritorno al tema centrale del libro, il magazzino. E parliamo ora prima di sistemi di movimentazione, e perciò di carrelli dei vari tipi, di carrelli automatici di convogliatori, e poi di sistemi di stoccaggio, e quindi di cataste, di magazzini statici a scaffalatura, di magazzini dinamici, di trasloelevatori, di magazzini a carosello e di altri. Anche in questo caso una trattazione molto dettagliata e precisa, sempre corredata da esempi, illustrazioni, esposizione di casi pratici.

Si possono a questo punto tirare le fila. Stiamo presentando un testo molto efficace sull'argomento del magazzino, e abbiamo già detto che il suo pregio é quello di accoppiare una seria trattazione teorica con un gran numero di esempi e innumerevoli suggerimenti operativi: un testo più un manuale. A fianco della trattazione tecnica si parla però molto dei problemi di gestione e si spazia su molti differenti argomenti, ci si sofferma in particolare sui metodi orientali di gestione. Se è permesso prendere un po' in giro la questione, il concetto è chiarissimo: sembra che l'autore voglia dire "Ti sto parlando di magazzini ma Ti ho indicato anche i vari metodi di gestione delle scorte, con l'obiettivo di ridurre al minimo il livello delle scorte stesse; Ti ho raccontato tutto sui metodi di gestione derivati da quelli giapponesi, che anch'essi portano, se non ad annullare le scorte, a ridurle al minimo. Bene, se nonostante tutto Ti è rimasto qualcosa che devi proprio immagazzinare, Ti racconto ora tutto sulle tecniche di magazzinaggio e così sarai in grado di studiare il magazzino che Ti occorre. Ma fallo solo quando sarai sicuro di quello che è veramente indispensabile stoccare". Non c'è nulla da dire, il filo logico del discorso è ineccepibile, anche se quel che si fa normalmente è spesso molto diverso, prima si fa un magazzino, poi si mettono le merci nel magazzino e infine si pensa a come gestirle.

E ritorniamo ad un esempio che si riportava ancora tanti anni fa'. "Nel magazzino non ci si sta più, dobbiamo ampliare il magazzino!" Ma in realtà non è che si debba proprio sempre ampliare il magazzino, bisogna solo prima mettere un po' di ordine nella logistica, come propone il nostro autore!

Giovanbattista Marini

Past President AILOG

Indice
Organizzare il Magazzino

Capitolo Primo
1. Concetti di Base

Grado di difficoltà: ★☆☆ *Basso*

1. INTRODUZIONE

Prima di entrare nei temi specifici dell'organizzazione del magazzino, risulta essere necessario comprendere il ruolo dei magazzini e quali elementi sono all'ordine del giorno in molte ristrutturazioni o riorganizzazioni del magazzino. Dalle esperienze dei protagonisti di primarie aziende italiane emergono alcune linee guida sul concetto di magazzino.

Il magazzino visto come luogo dove semplicemente stoccare la merce è ormai oltrepassato e sta assumendo la veste di centro di profitto. La crisi economica e i nuovi scenari internazionali hanno infatti orientato le aziende alla ricerca dell'efficienza e della flessibilità. Le filosofie di snellezza e agilità hanno portato le aziende a trovare nella corretta gestione delle scorte una riduzione dei costi aziendali. Il magazzino diviene un ente che si trova a dovere fronteggiare diversi trend: da un lato il cliente chiede forniture puntuali e di minore entità, dall'altro l'approvvigionamento dal Far East impone scorte che non possono essere ridotte al minimo. Lo stesso spostamento del baricentro produttivo verso i paesi asiatici ha trasformato le realtà manifatturiere in centri di distribuzione della merce. Si può affermare che l'effetto della globalizzazione ha portato molte aziende a trasformarsi da luoghi di produzione a luoghi di stoccaggio e spedizione.
Il ruolo del magazzino è quindi diventato fondamentale. Nasce così l'esigenza di rispondere ad alcune domande inerenti la gestione di questi spazi:

- Qual è il sistema di riferimento di magazzino?
- È meglio internalizzare o esternalizzare le attività di magazzino?
- Qual è il ruolo dell'automazione?

- Tecnologia è uguale ad alti investimenti?
- Il magazzino è centro di profitto o di costo?
- Quale ruolo per le persone?

Attraverso il contributo di professionisti del settore si è cercato di rispondere ai precedenti quesiti.

2. IL SISTEMA DI RIFERIMENTO

Il magazzino è un sistema che deve essere creato e adattato per rispondere meglio alle specifiche esigenze dell'azienda e dei suoi clienti. Il magazzino è un sistema composto da: mezzi di movimentazione; infrastrutture di stoccaggio, informatizzazione e organizzazione delle persone.

Questi elementi devono essere sinergici in quanto una buona informatizzazione senza la giusta formazione del personale non consente il raggiungimento di alti livelli di efficienza; così come delle persone molto motivate sprovviste degli adeguati mezzi non consentono ottime performance. La progettazione o il miglioramento dell'organizzazione del magazzino deve quindi valutare opportunamente queste quattro leve sottolineando che nessuna di esse è in grado di prevalere sulle altre. Inoltre, non esiste un modello da copiare, ma esistono una serie di casi che possono essere di riferimento per una corretta progettazione. Il magazzino è infatti una struttura che deve adattarsi alle specifiche esigenze aziendali sintetizzabili in: complessità dei prodotti (frigo, surgelati, voluminosi, pericolosi, etc), la numerosità dei loro codici, le tendenze future (in genere le aziende prevedono un aumento delle referenze da gestire); tempi di risposta al cliente, la rete distributiva, i livelli di scorta.

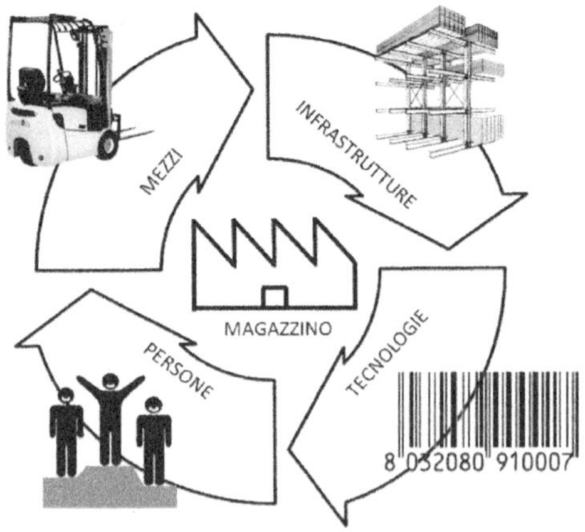

Figura 1: Il sistema Magazzino

3. INSOURCING O OUTSOURCING

Muller Italia ha come mission la produzione di yogurt e formaggi buoni e riconosciuti dal consumatore, afferma Michele Silvestri supply chain manager della Muller Italia. La gestione del magazzino non è un'attività chiave per cui l'azienda ha deciso di terziarizzare le attività del magazzino. Movimentare uno yogourt è un'attività relativamente semplice, la cui gestione necessita di un perfetto governo del fattore tempo. Il prodotto parte dalla Germania con 34 giorni di vita utile. I principali magazzini sono due: uno da cui parte il 65% del prodotto che è Augsburg e l'altro a Dresda. Da Augsburg il prodotto impiega un giorno, mentre da Dresda due giorni. Sette giorni vengono mediamente persi nel magazzino. Con i giorni festivi e le scorte di sicurezza il rischio per l'azienda è che o si resta senza prodotto o lo si deve buttare via. Muller Italia, quindi, ha preferito gestire la fase di forecasting, delegando a terze parti la movimentazione. La previsione viene realizzata con strumenti sviluppati sia in casa che attraverso un pacchetto commerciale opportunamente personalizzato attraverso il quale si è in grado di identificare, anche sulla base delle promozioni (prodotto, destinatario, settimana), i consumi. Nonostante tutto esisteranno sempre alcuni elementi non prevedibili, come le azioni della concorrenza, che portano a effetti indesiderati. Il risultato comunque è che si è riusciti a ridurre le scorte, quindi il valore immobilizzato e il rischio di obsolescenza del prodotto.

L'adattamento al mercato è ormai un fattore imprescindibile dalla strategia aziendale, dice Danilo Preto Direttore Comunicazione e Rapporti Politico-Istituzionali di SISA, gruppo presente in Italia con 5 CeDi (Centri di Distribuzione) e 2.482 punti di vendita. Uno degli elementi fondamentali per la gestione efficiente del magazzino è la comprensione del cambiamento del mercato in quanto il non adattamento comporta la perdita di competitività. Per evitare questo rischio l'azienda deve ragionare in termini previsionali nell'ottica di soddisfare le nuove esigenze del cliente. Diversamente dal caso precedente, SISA ha mantenuto la gestione del magazzino internamente, grazie a un controllo delle performance degli operatori e una politica premiante nei loro confronti. Nei CeDi di SISA, infatti, da alcuni anni sono stati introdotti i tempi standard per le attività di abbassamento, stoccaggio e picking, afferma Alessandro Lodispoto, Logistics Manager del Gruppo. Attraverso le misurazioni si è riusciti a misurare la produttività di ogni singolo addetto. Per ogni operatore del picking viene applicato un sistema d'incentivazione che si basa sia sulla tempistica di preparazione che sulla qualità, intesa come assenza di errori sui colli preparati. Il controllo si è esteso anche alla fase di consegna. L'installazione di GPS di posizione su tutti gli automezzi consente di controllare la posizione della flotta in tempo reale, individuando i tempi di percorso e rilevando l'ora di partenza e di arrivo.

I dati rilevati vengono utilizzati non solo per uso del singolo CeDi, bensì come base per un benchmarking con gli altri CeDi del gruppo. L'obiettivo è quello di individuare un piano di azione per il miglioramento ed il raggiungimento di vantaggi competitivi di tutto il gruppo. Il lavoro di misurazione ha comunque permesso di

- Pianificare le risorse necessarie a garantire le attività di magazzino,
- Controllare e migliorare l'efficienza delle risorse impiegate,
- Migliorare la qualità del servizio,
- Controllare i costi.

4. IL RUOLO DELL'AUTOMAZIONE

L'automazione totale del magazzino potrebbe non rappresentare la corretta soluzione per migliorare il servizio o ridurre i costi. In aziende in cui sono richiesti tempi di evasione estremamente ridotti, la soluzione trovata è un mix tra attività manuali e sistemi tecnologici.

Nei 26 magazzini di Comifar, 16 possiedono automatismi di prelievo, afferma Stefano Novaresi, Direttore Centrale Operations del Gruppo Comifar e vicepresidente Dafne. Comifar quale distributore intermedio ha l'obiettivo di rifornire farmacie (sono circa 17.000 in Italia), parafarmacie, ospedali, case di cura, garantendo condizioni di trasporto idonee per le varie tipologie di farmaco trattate.

Il tempo medio dall'ordine della farmacia alla consegna è circa di due ore. Nei casi più performanti l'output del magazzino raggiunge anche i 200 mila pezzi giorno (12,5 pz/sec) pari a 5300 casse. In tutti i centri distributivi esiste comunque una tecnologia con allestimento assistito da radiofrequenza. con Automatizzare significa tenere sotto controllo l'investimento e i costi di manutenzione. È noto che l'automazione gestisce meglio i picchi, genera pochi errori, garantisce velocità ma riduce e vincola la flessibilità. Sostanzialmente delle 5000 referenze responsabili dell'80% della movimentazione (possono superare le 100.000 referenze trattate da Comifar) una parte importante trova alloggiamento negli impianti automatici, mentre il resto è garantito da una catena di allestimento manuale (in particolare per i prodotti da frigo e quelli voluminosi). Il bilanciamento tra prodotti da gestire per via automatica e per via manuale è realizzato utilizzando algoritmi sviluppati internamente a Comifar.

L'automazione gestisce meglio i picchi, ma riduce e vincola la flessibilità. Gli impianti più diffusi sono noti con i nomi A-frame e V-Frame. I benefici sono paragonabili anche se l'A-frame ha un costo superiore, ha una velocità di prelievo superiore e ha un refilling (riempimento) più semplice. Di contro riduce la densità superficiale e non è sempre adatto per prodotti cilindrici o di medie dimensioni. Per i prodotti di media rotazione esistono sistemi automatizzati basati su dispenser che sfruttano la gravità, garantiscono un'ottima densità superficiale, un buona affidabilità in termini di errori anche se con performance un po' più contenute rispetto alla tipologia precedentemente descritta. Oltre a questi esistono altre soluzioni disponibili tra cui, sempre per la media e bassa e bassa rotazione, due tecnologie di fondo. Una è semplicemente rappresentata dall'utilizzo dei terminali in radiofrequenza per l'operatore che fa il picking manualmente all'interno di "contenitori" dedicati di volta in volta al singolo ordine che vengono automaticamente scaricati nella cassa cliente precedentemente codificata, l'altra è il miniload, un sistema dove dei vassoi con i prodotti confluiscono verso l'uomo. Le prestazioni sono diverse, in un caso si hanno 200/300 righe ora per stazione nel primo caso mentre nel secondo si possono raggiungere anche 500 righe ora per stazione di prelievo. Ciò che naturalmente cambia è l'investimento.

L'ottimizzazione non si ottiene semplicemente acquistando le tecnologie, bensì è necessario usarle al meglio trovando la loro corretta integrazione a livello di "sistema". In particolare è importante bilanciare sulle varie soluzioni i giusti prodotti, ovvero quali dovranno essere prelevati manualmente e quali automaticamente. La scelta è realizzata usando degli algoritmi studiati internamente a Comifar e valutati sulle proprie esigenze.

Anche nel magazzino di Karnak si sono strutturati diversi flussi relativi a diverse tipologie di prodotto, dice Massimo Versiglioni, Presidente e Direttore Generale di K&K Logistics operatore logistico per Karnak. Nel magazzino gestito ci sono 35 mila referenze attive, si risponde a 4200 ordini giorno pari a 20.000 colli e i prodotti spediti possono essere sia un temperamatite che un mobile per ufficio. Un magazzino è un sistema complesso da organizzare e gestire come se fosse una vera e propria azienda, dove è necessario controllare i tempi e i metodi oltre che i costi. Per K&K Logistics il Centro Logistico è un sistema costituito da diverse tipologie di magazzino: la distinzione tra le varie aree è ottenuta considerando una suddivisione per prodotto, ingombro e rotazione. Le aree prevedono modalità pick cross docking, pick to light, pick to belt e il picking manuale con radiofrequenza. Il pick cross docking viene adottato per prodotti ad altissima rotazione già pronti per essere spediti al cliente, come le risme di carta, che per imballo e tipologia sono già pronte per essere spedite al cliente. Il pick to light viene usato per articoli di dimensioni medio piccole che devono essere prelevati singolarmente ed imballati. Per articoli già confezionati invece si utilizza un modello pick to belt. Per il picking in radiofrequenza relativo a prodotti da imballare e per il Pick to Light un controllo del peso a fine linea mette in evidenza eventuali errori di prelievo. Per gli articoli voluminosi, invece, il prelievo viene fatto manualmente con commissionatore utilizzando comunque apparecchiature in radiofrequenza.

5. TECNOLOGIA E ALTI INVESTIMENTI

La soluzione tecnologica proposta da Smoov ASRV vuole proporre una soluzione di automazione dagli investimenti contenuti e scalabili, in grado inoltre di adattarsi a ogni configurazione esistente delle infrastrutture, garantendo la variabilità del magazzino in virtù delle dinamiche dei mercati e delle variazione del business.

La tecnologia è un fattore importantissimo per l'aumento delle prestazioni del magazzino, ma la tecnologia spesso può essere costosa e molto vincolante. A sovvertire queste logiche consolidate, l'innovativo sistema Smoov ASRV, il primo sistema di Smart Warehouse Automation basato sull'utilizzo dei veicoli ASRV(Automated Storage & Retrieval Vehicle) Per eliminare questi aspetti negativi è stato realizzato un sistema innovativo di stoccaggio è prelievo dei pallet: l'ASRV (Automated Storage & Retrieval Vehicle) di Smoov, spiega Giovanni Noto, Business Development Director. L'azienda opera quale fornitore di componenti per l'automazione nell'allestimento di magazzini automatici, delegando ai suoi partner la progettazione e realizzazione dell'intero sistema. Il sistema ha tra i suoi punti di forza la flessibilità e la capacità di armonizzare la struttura di stoccaggio con le infrastrutture/strutture di stoccaggio esistenti, consentendo il recupero di tutti quei locali generalmente non pensati per ospitare un magazzino e sicuramente inadatti all'automazione. Le automazioni tradizionali, difatti, impongono generalmente delle rigidità e costringono a una previsione dei fabbisogni. L'automazione viene così a essere fissa e rigida, vincolata da alti investimenti iniziali e richieste infrastrutturali a servizio dell'automazione. Fin dalla sua concezione, afferma Giovanni Noto, i driver dello sviluppo dell'innovazione sono stati modularità, flessibilità adattabilità e scalabilità. Il sistema Smoov ASRV rappresenta nel panorama dei sistemi di stoccaggio attualmente disponibili il primo sistema sviluppato con le logiche proprie dell'automazione diffusa e dell'intelligenza distribuita. Il funzionamento del sistema prevede che un veicolo sia in grado di movimentare dei pallet all'interno di un'infrastruttura leggermente adattata da quelle che solitamente vengono commercializzate. In pratica, a un comune drive in, per esempio, si adattano dei binari tali da permettere il movimento lo scorrimento degli ASRV. Il veicolo di movimentazione, l'ASRV, pesa 320Kg, è dotato di intelligenza a bordo, è capace di relazionarsi con la struttura di magazzino e con gli altri ASRV (nel contesto di flotta di veicoli). Ogni mezzo, le cui misure sono come lo standard dei più comuni pallet viene costantemente controllato dall'unità di supervisione attraverso un sistema sinottico.

L'adattabilità del sistema permette di integrarsi a strutture pre-esistenti ed è indicato anche per piccoli spazi. Nel caso di Smoov ASRV, l'automazione non è eccezionalmente costosa in quanto utilizza elementi tradizionali di stoccaggio opportunamente adattati.

Tra le particolarità del sistema vi è la capacità di fare fronte a picchi di lavoro eccezionali, rinforzando la flotta con nuovi ASRV. Il sistema è stato ideato per essere facilmente progettabile ed integrabile con le strutture pre-esistenti. Questa caratteristica sommata alla sua modularità tecnica contribuisce a rendere l'automazione "democratica" e conveniente anche per lo stoccaggio di pochi posti pallet (100 – 300). Con Smoov ASRV l'automazione è ponderabile sul numero medio di movimentazioni e non sui picchi di lavoro stagionali. Il fabbisogno di movimentazione extra può essere soddisfatto in maniera semplice e tempestiva attraverso l'incremento del numero di ASRV, che in maniera plug & play sono facilmente integrabili in flotta.

6. MAGAZZINO: CENTRO DI COSTO O DI PROFITTO

Per Dario Bettella, direttore logistica di Aspiag – Despar gruppo della grande distribuzione agroalimentare che opera nel nord est (200 punti di vendita e 400 affiliati) il servizio genera valore aggiunto per il cliente. Per il gruppo la logistica è realizzata da 8 piattaforme, risultante di una storia di acquisizioni. I lead time sono di 24 ore per i secchi e di qualche ora per i freschi, lavorando sull'intero intervallo della giornata.

Una delle parole chiave nella gestione dei magazzini deve essere "razionalizzazione". Per Despar alcuni anni fa le diverse piattaforme del territorio erano clonate e lavoravano sullo stesso territorio di pertinenza. Il servizio dato al cliente non era di qualità. La razionalizzazione della distribuzione ha portato a gestire nuove piattaforme uniche per tutto il territorio e convertire i magazzini in modo che essi avessero delle specificità. Il risultato è stato un aumento delle referenze (dalle iniziali 6000 referenze alle 11.000) e un aumento del livello di servizio (Da 15 rotazioni anno a 22 per i prodotti alimentari secchi).

Il magazzino può generare valore aggiunto migliorando il servizio. Il cliente potrebbe recepire vantaggiosa una consegna della merce predisposta su roll o su pallet secondo l'ordine dell'esposizione sul punto di vendita. Questo ordinamento realizzato nel CeDi faciliterebbe la messa a scaffale dei prodotti riducendo di tempi di riallestimento. L'esempio mette in evidenza come un costo di riorganizzazione per il CeDi possa tradursi in un valore aggiunto per il cliente. Il cambiamento deve però essere gestito in ottica di sistema di tutti i punti vendita che dovrebbe portare a un'uniformità espositiva di tutti i negozi. La ricerca della qualità e la fornitura di servizio obbliga anche le aziende della grande distribuzione a ricercare soluzioni. L'automazione più spinta realizzata con magazzini a zero uomini, così come già accade in alcune parti d'Europa, non sarà possibile nei prossimi anni.

L'idea del magazzino come centro di profitto è condivisa anche da Luciano Roccon, kaizen warehouse manager del Gruppo Piazzetta, azienda di produzione e commercializzazione di caminetti, stufe a legna e a pellet. Nata 50 anni fa riciclando canne fumarie, nel 2009 ha 250 dipendenti. Per il comparto del fuoco esiste un'elevata stagionalità e la competitività è garantita dal garantire ai rivenditori il pronto magazzino. Il servizio per il cliente potrebbe essere rappresentato dalla capacità di personalizzazione del prodotto. In azienda, infatti, si sta valutando come passare da un sistema con produzione per magazzino a un sistema chiamato Assembly-To-Order in cui il prodotto finito viene generato dopo l'ordine. Ma oltre alla soddisfazione del cliente per il futuro diverrà necessario soddisfare le esigenze dell'ambiente. In questi termini un progetto sviluppato in azienda ha portato a ridurre i costi inerenti alcune tasse da pagare al Conai usando semplicemente dei film termoretraibili riciclati. I nuovi film, opportunamente marchiati, hanno caratteristiche del tutto similari a quelli tradizionali, ma provengono da attività di recupero e riciclo. Gli stessi film un volta smantellati nelle isole ecologiche potranno essere identificati e separati dal rifiuto secco garantendo una nuova vita. L'adozione di questo nuovo materiale ha portato all'azienda una riduzione dei costi e contemporaneamente ha migliorato la stessa immagine verso il cliente.

7. IL RUOLO DELLE PERSONE

Fabio Piana, responsabile vendite della De Rigo Refrigeration, che produce e commercializza sistemi per il freddo commerciale, dal piccolo espositore alla cella industriale. I magazzini sono in grado di gestire 35.000 articoli, con una tendenza di crescita. Il problema è che un prodotto sempre più customizzato e da consegnare con tempi più brevi necessita di magazzini sempre più capienti. A questo si aggiunge anche il fatto che i ricambi devono essere a disposizione del cliente per molti anni. Una delle soluzioni a questa crescente complessità è investire nelle persone, creando team di persone che lavorano con passione. Per De Rigo avere un turnover molto basso è segno di qualità e di forte coinvolgimento. Le persone quindi diventano una leva strategica.
Dello stesso parere Luciano Roccon di Piazzetta che spiega come attraverso riunioni continue con chi è sul campo si valutano le cose da fare. In ottica kaizen l'obiettivo è dare origine a un miglioramento continuo e grazie a coinvolgimento le applicazioni sono riuscite a coinvolgere anche persone con decine di anni di esperienza maturati con metodi abituali. La ricetta è rappresentata da miglioramenti piccoli ma efficaci e misurabili.

8. CONCLUSIONI

Le conclusioni sono sintetizzabili in alcuni punti. Intanto il fattore umano è fondamentale nella gestione dei magazzini. L'automazione è sicuramente un ottimo elemento per il miglioramento delle performance, ma non è l'unico. In alcuni casi l'automazione spinta potrebbe essere controproducente. Quando si comprende che il core dell'azienda non è il magazzino, allora è necessario delegare il compito a terze parti che saranno professionisti nel loro settore. L'efficienza nel magazzino si ottiene non solo con una razionalizzazione delle scorte, ma anche attraverso il coinvolgimento delle altre funzioni aziendali, dal commerciale, alla progettazione, alla produzione.

Capitolo Secondo
2. Il Magazzino

Grado di difficoltà: ★☆☆ *Basso*

1. INTRODUZIONE

Tutte le aziende hanno al loro interno un magazzino. Il magazzino è uno spazio dedicato a contenere materiale grezzo, semilavorati, prodotti finiti. Il magazzino è uno spazio indispensabile per la gestione corretta dei processi produttivi o dei processi di vendita.
La gestione di un magazzino comporta dei costi e l'azienda deve tenere sotto controlli tali costi. In particolare si possono avere:

- Costi economici (Euro): immagazzinare merce significa immobilizzare capitale.
- Spazio occupato: lo spazio ha un costo in termini di infrastrutture e di risorse destinate al mantenimento dello stesso (tasse, energia, etc.)
- Attività di ricevimento: controllo qualità, messa a stock, ricerca, selezione, imballaggio, spedizione. Operatori dedicati si occuperanno di movimentare merce, stoccarla e prelevarla.
- Perdita di valore: deterioramento, danneggiamento, obsolescenza, furti. Il valore della merce a magazzino può variare nel tempo, diviene necessario quindi riuscire a stoccare il meno possibile, ma di un livello sufficiente a soddisfare l'esigenza produttiva o l'esigenza del cliente.

Diviene necessario rilevare e tenere sotto controllo tutti i costi relativi ai magazzini.

Suggerimento Operativo

Rilevare i costi attribuibili alla gestione del magazzino. Usando il prospetto di seguito suggerito provare a quantificare il costo mensile del proprio magazzino. Si noti che con "Percentuale di impiego del personale in attività di magazzino" si vuole esprimere il percentuale di quanta della sua attività l'addetto dedichi al magazzino (p.e. un addetto potrebbe essere per metà giornata a lavorare nel magazzino e l'altra metà giornata impiegato in produzione – in tale situazione la percentuale sarebbe 50%)

VOCI DI COSTO PER LA GESTIONE DI UN MAGAZZINO		
A	Tasse mensili di possesso del magazzino	A
B	Spesa mensile di Energia Elettrica	B
C	Spesa mensile per il riscaldamento degli ambienti	C
D	Numero di addetti al magazzino	
E	Percentuale di impiego del personale in attività di magazzino	
F	Costo Mensile Addetto (come da busta paga)	
G	Costo addetti al mese per attività di magazzino	D * E * F /100
H	Valore della merce mediamente stoccata a magazzino (Valore della giacenza media)	
I	Svalutazione della merce a magazzino al mese	
L	Perdita di valore per svalutazione merce	H * I /100
M	Valore mensile della merce smarrita o danneggiata	M
N	Numero di carrelli presenti	
O	Costo di gestione mensile per carrello	
P	Costo totale per la gestione dei carrelli	N * O
Q	Costo di gestione mensile per altre infrastutture di magazzino	Q
	COSTO MENSILE TOTALE DI GESTIONE DEL MAGAZZINO	A + B + C + G + L + M + P + Q

Figura 2: Esempio delle Voci di costo per un magazzino

2. GLI OBIETTIVI DEL MAGAZZINO

Le nuove teorie sull'azienda moderna sottolineano che la merce a magazzino possono rappresentare uno spreco. Secondo il Toyota Production System, da cui ha avuto origine la lean manufacturing (produzione snella – ovvero priva di sprechi), l'azienda virtuosa è quella che riesce a gestire il proprio business con zero scorte. Naturalmente queste considerazioni valgono solo a livello teorico, ma è corretto invece tenere sotto controllo il livello delle scorte. L'obiettivo deve essere quello di riuscire a mantenere il proprio livello di business (o migliorarlo), soddisfare il cliente con il minimo livello di scorte.
Fatto questa premessa è utile mettere in evidenza alcune delle motivazioni che spingono un'azienda a tenere un magazzino:

- *Prevedibilità*: per impedire blocchi della produzione o insoddisfazione dei propri clienti, non riuscendo a valutare con precisione gli eventi futuri, si decide di mantenere merce a magazzino per aumentare la capacità di schedulazione della produzione.

- *Fluttuazioni della domanda*: i mercati degli ultimo anni sono sempre meno legati a dati storici, per cui per non rischiare di andare in rottura di stock (out of stock – quando non si riesce a soddisfare la domanda per mancanza di prodotto) è opportuno mantenere dei livelli di stock dimensionati per fare fronte a richieste improvvise.

- *Inattendibilità dei fornitori*: La merce a magazzino protegge l'azienda da fornitori che non rispettano i termini contrattuali o le date di consegna. L' accumulo vale tanto di più, tanto più il prodotto è scarso o ne è difficile l'approvvigionamento.

- *Protezioni dal prezzo*: Le fluttuazioni del prezzo dei prodotti può influire negativamente sui costi di acquisto. In alcuni casi l'accaparramento può tutelare da variazioni dei costi dei prodotti.

- *Sconti su quantità*: Le economie di scala comportano per l'acquirente degli sconti se egli ordina determinati quantitativi. Il raggiungimento di alcuni benefici viene a discapito della quantità di merce stoccata.

Suggerimento operativo:

Non esiste una strategia ottima per tutte le aziende. Ciascuna deve trovare il più corretto compromesso tra il minimo quantitativo a stock e il massimo livello di soddisfazione del cliente (ovvero soddisfazione della domanda e rispetto dei tempi di consegna preventivati). Valutare le motivazioni che spingono l'azienda a mantenere le attuali scorte e gli attuali magazzini.

3. TIPOLOGIE DI MAGAZZINI

In un'azienda generalmente si possono distinguere tre tipologie di magazzini:

- *Materia prima*: il magazzino contiene prodotti usati per realizzare semilavorati o prodotti finiti.

- *Semi-lavorati*: sono i magazzini (per lo più temporanei - buffer) rappresentano quei materiali che sono inseriti nel ciclo produttivo (chiamati anche WIP – Work In Progress) e non possono essere considerati né materia prima che prodotto finito.

- *Prodotti finiti*: è il magazzino che contiene il prodotto pronto per essere venduto al cliente.

Altre categorie di magazzino sono:

- Consumabili: tutti quei prodotti che servono alla corretta gestione del business anche se non sono inseriti direttamente nel ciclo produttivo (carta per stampanti, lubrificanti, materiale per imballaggio, etc.).

- Ricambistica, riparazione e sostituzione: sono componenti che non servono nel ciclo produttivo ma generalmente garantiscono la soddisfazione del cliente. Vengono utilizzati nel momento in cui il cliente richiede una sostituzione di un componente o la riparazione del prodotto acquistato.

Suggerimento Operativo:

Identificare nella propria azienda le varie tipologie di magazzino. Esse devono essere ben distinte e ben distinguibili. Se così non fosse è necessario provvedere a separare le tipologie di magazzini per una maggiore chiarezza operativa. La non separazione può causare delle situazioni di confusione o di mancanza di controllo dello stato delle scorte.

Si provveda quindi a fare una prima identificazione dei prodotti presenti a magazzino (materia prima, semilavorato, prodotto finito, consumabile e ricambistica) e valutare se prodotti appartenenti alla stessa tipologia sono posizionati nella stessa area.

Idealmente il posizionamento delle aree dovrebbe rispecchiare il flusso operativo del prodotto. Di seguito vengono rappresentati alcuni semplici esempi.

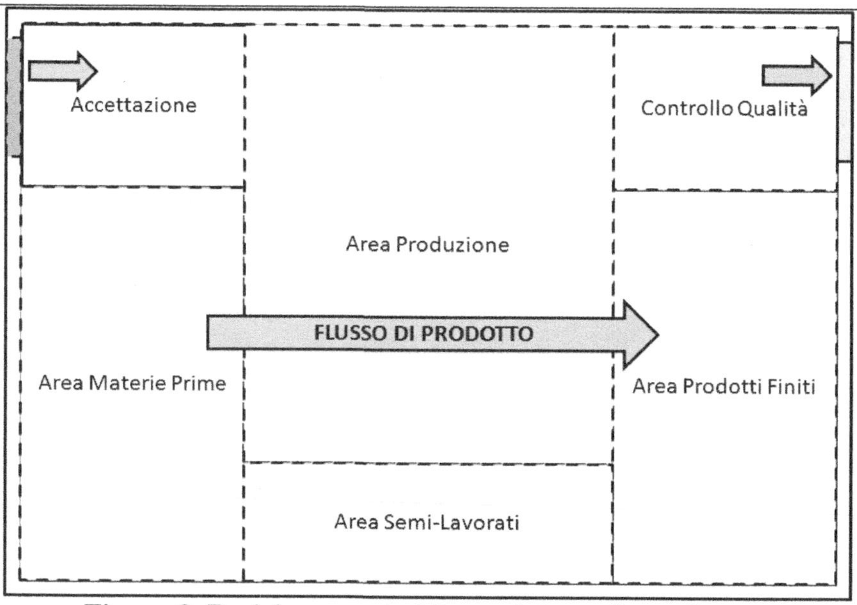

Figura 3: Posizionamento Magazzini con flusso lineare

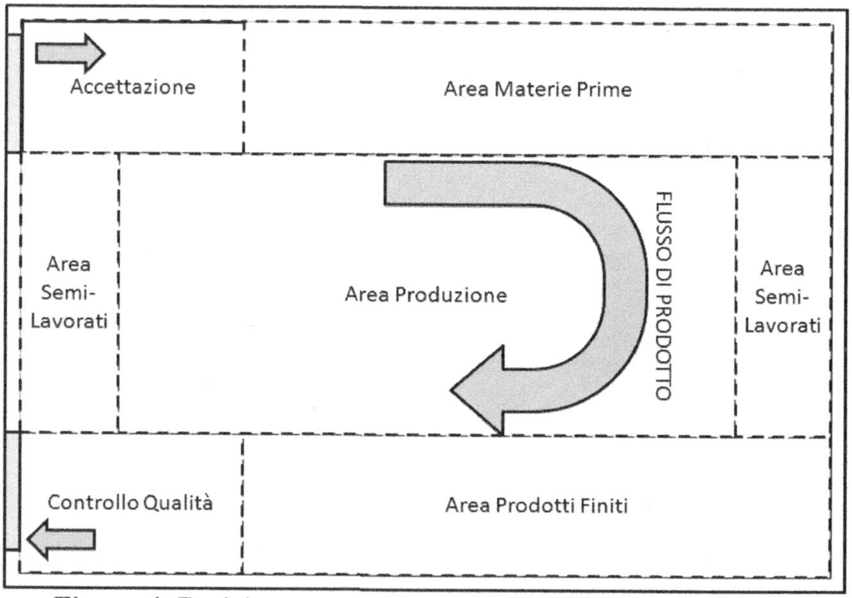

Figura 4: Posizionamento Magazzini con flusso non lineare

Capitolo Terzo
3. Il Valore del Magazzino

Grado di difficoltà: ★★☆ *Medio*

1. QUANTIFICARE IL VALORE DEL MAGAZZINO

In precedenza si è detto che è necessario minimizzare i livelli di scorte di magazzino, sia in quantità che in valore. Non addentrandoci nell'argomento, si vogliono fornire dei cenni su come possa essere quantificato in valore la merce presente a magazzino.

Ci sono quattro metodi per calcolare il valore della merce stoccata a magazzino:

- FIFO;
- LIFO;
- a valore medio;
- a valore attuale.

Esempio:

Nella tabella seguente si fa a titolo di esempio il caso di un'azienda che in diversi momenti dell'anno acquista un prodotto. Il costo del prodotto varia di acquisto in acquisto. Nasce il problema di come quantificare la merce che a fine anno è rimasta a magazzino. Di seguito si vedrà come il valore della merce a magazzino cambia sulla base del metodo di calcolo adottato. Nell'esempio si considera che vi sia una sola vendita dopo l'ultimo acquisto la quale genererà una giacenza di 140 pezzi a fine anno.

Prodotto: Acciaio Trafilato Sezione Rotonda Lav. 23456

			LOGICHE	
Data Acquisto	Costo Unitario	Pezzi acquistati	FIFO	LIFO
09-gen	1,2	100	Venduti	Giacenza
12-apr	1,3	50	Venduti	40 in Giacenza
07-giu	1,5	70	Venduti	Venduti
12-set	1,6	80	Giacenza	Venduti
29-nov	1,7	60	Giacenza	Venduti

Costo al 31 Dic.	1,80	€
Costo medio	1,44	€
Rimanenza al 31 Dic.	140	Pezzi

Figura 5: Logiche FIFO e LIFO a Confronto

Se la logica di vendita prevede di gestire le scorte in FIFO, allora i prodotti acquistati prima (First In) si venderanno per prima (First Out). Se a fine anno sono presenti 140 pezzi a magazzino, tali pezzi saranno stati acquistati nei mesi di Settembre e Novembre.

Se la logica di vendita prevede di gestire le scorte in LIFO, allora i prodotti acquistati per ultimi (Last In) si venderanno per prima (First Out). Se a fine anno sono presenti 140 pezzi a magazzino, tali pezzi saranno stati acquistati nei mesi di Gennaio e Aprile.

- *Metodo FIFO (First In First Out).* Il primo prodotto arrivato nel magazzino è il primo ad essere venduto. Tale logica è adatta nei casi in cui i prodotti sono deperibili o temono l'obsolescenza. L'azienda dell'esempio, se gestisce il materiale in logica FIFO, tenderà a vendere per primi i prodotti acquistati per primi. Di conseguenza se a fine anno sono rimasti a magazzino (Giacenza) 140 pezzi, allora sono quelli acquistati nei mesi di Settembre e Novembre. Il valore della giacenza calcolato in questo modo sarebbe pari a 230,00 €.

- *Metodo LIFO (Last In First Out).* L'ultimo prodotto a essere acquistato è il primo a essere venduto. Con questa logica si gestiscono i prodotti non obsolescenti, come le viterie e le bullonerie. Se l'azienda dell'esempio gestisse in logica LIFO, i prodotti venduti sarebbero quelli acquistati nei mesi di Aprile (in parte), Giugno, Settembre e Novembre. In giacenza (sempre 140 pezzi) ci sarebbero tutti i prodotti acquistati a Gennaio e 40 pezzi acquistati ad Aprile. Il valore della giacenza calcolato in questo modo sarebbe pari a 172,00 €.

- *A Valore Medio.* In questo caso si calcola il costo medio per pezzo relativamente a tutti gli acquisti di un particolare prodotto. In tale caso, il costo medio sostenuto per i pezzi acquistati nell'anno è di 1,44€. Con una giacenza di 140 pezzi, il valore dei prodotti presenti a magazzino è di 202,22€.

- *A Valore Attuale.* Dal momento che per il pezzo considerato il valore è costantemente salito nell'anno, alla data del rilievo (ipoteticamente il 31 Dicembre) il pezzo in considerazione ha un valore commerciale di 1,80€. Se si dovessero acquistare 140 pezzi al 31 Dicembre, l'azienda dovrebbe spendere 252,00€. Il valore che viene attribuito alla merce stoccata in magazzino diviene quindi quest'ultimo valore.

Esempio:

Relativamente all'esempio proposto in precedenza, nella tabella successiva si possono confrontare i valori riscontrati della giacenza a magazzino nelle diverse modalità di calcolo.

	Valore della rimanenza
Metodo FIFO	€ 230,00
Metodo LIFO	€ 172,00
Metodo A Costo Medio	€ 202,22
Metodo a Valore Attuale	€ 252,00

Figura 6: Confronto dei valori di rimanenza

Ogni azienda deve valutare con attenzione quale potrebbe essere il metodo più corretto da considerare. Tipologia di prodotto, disponibilità nel mercato, deperibilità e speculazione sono solo alcuni elementi da tenere in considerazione.

Capitolo Quarto
4. Allocazione e Mappatura

Grado di difficoltà: ★★☆ *Medio*

1. ELIMINARE LA RICERCA DELLA MERCE

Il punto di partenza è la considerazione che "non si può controllare ciò che non si può trovare". Diviene necessario quindi creare un sistema che possa comunicare in tempi rapidi la posizione della merce. Se ciascuno conosce la posizione di un prodotto o è messo nelle condizioni di poterla conoscere, allora vengono automaticamente ridotte al minimo tutte le attività e i tempi di ricerca.

Il magazzino efficiente è caratterizzato proprio dalla capacità di reperire in tempi brevissimi gli articoli desiderati. Nelle realtà caratterizzate da molti articoli diversi a magazzino o da magazzini molto grandi è necessario adottare dei sistemi di identificazione in grado di gestire in modo digitale le informazioni e i flussi. Prima di presentare alcune regole di mappatura è necessario sapere che un sistema di identificazione è:

- Adeguato se permette di individuare con prontezza il prodotto e la sua locazione.

- Appropriato se permette di identificare univocamente un corridoio, uno scaffale, un livello, una mensola o un cassetto all'interno di un magazzino.

Inoltre un sistema di identificazione deve:

- Gestire gli eventi in tempo reale. Ogni movimento che sposta un prodotto da una locazione a un'altra deve essere prontamente segnalato e registrato.

- Deve permettere di stoccare gli stessi prodotti in locazioni diverse. Una tipologia di prodotto può risiedere su locazioni diverse e il sistema deve essere in grado di tenerne traccia di tutte.

- Deve essere di facile comprensione, utilizzo e interpretazione.

Se si crea un sistema di identificazione con le caratteristiche sopra esposte, si potranno registrare i seguenti benefici:

- Diminuzione dei tempi di ricerca dei prodotti.
- Diminuzione dei tempi di preparazione dell'ordine.
- Diminuzione dei tempi di ricerca delle locazioni.
- Eliminazione di acquisti non necessari di prodotti, che sono nel magazzino ma che non sono stati trovati nel momento del bisogno.
- Corretta selezione dei prodotti in fase di preparazione dell'ordine.
- Riduzione degli errori nella preparazione degli ordini e conseguente aumento della soddisfazione dei clienti.

2. ALLOCAZIONE FISICA E CONTROLLO DEL MAGAZZINO

L'obiettivo è quello di fornire una conoscenza operativa su: tre sistemi di allocazione della merce; teorie di posizionamento; metodi pratici per identificare la merce nel magazzino. Lo scopo nella gestione del magazzino è quello di riuscire a trovare una soluzione tale da massimizzare i seguenti aspetti:

- Uso dello spazio;
- Uso delle attrezzature;
- Uso delle risorse umane;
- Accessibilità a tutti gli elementi stoccati;
- Protezione da danneggiamenti;
- Capacità di allocazione;
- Flessibilità;
- Riduzione dei costi amministrativi.

La massimizzazione di tutti gli aspetti precedenti è difficile ma non impossibile. Spesso quelli che possono anche essere visti come dei vincoli possono creare dei conflitti. La soluzione sta sempre nel giusto mix di considerazioni in modo da ottenere il migliore risultato possibile. Vediamo alcuni aspetti che potrebbero generare delle contraddizioni.

Accessibilità Vs Spazio: desiderare di avere massima accessibilità per ogni prodotto stoccato può richiedere maggiore spazio. Uno scaffale porta pallet tradizionale fornisce la massima accessibilità ma penalizza lo spazio rendendo necessari numerosi corridoi per il stoccaggio/picking (picking: attività di prelievo del prodotto dalla sua allocazione) della merce. Sistemi di scaffalatura più compatti che aumentano la capacità di utilizzo dello spazio (come per esempio un compattabile – Si veda il capitolo relativo alle infrastrutture di magazzino) diminuiscono l'accessibilità alla merce e aumentano i tempi di prelievo.

Ottimizzazione del lavoro Vs Protezione da danni: la necessità di proteggere opportunamente un prodotto impone l'esigenza di dovere essere costretti a riconfezionare il prodotto. Anche in questo caso la tutela del prodotto va a discapito del tempo necessario per le normali attività.

Detto questo il responsabile di magazzino deve cercare di trovare il giusto compromesso (*tradeoff*) tra diversi obiettivi operativi. La soluzione migliore deve prendere in considerazione:

- Lo spazio a disposizione;
- I sistemi di allocazione;
- Le dimensioni dei prodotti o delle materie prime;
- La forma del prodotto;
- Il peso del prodotto;
- Le caratteristiche del prodotto (impilabilità, tossicità, lo stato fisico – liquido, gas, solido);
- I sistemi di stoccaggio presenti (in piano, caroselli, scaffali):
- La disponibilità di manodopera;
- Sistemi informativi di supporto.

Suggerimento operativo:

Preparare una scheda in cui vengono messi in evidenza le particolarità dei prodotti gestiti e la situazione di magazzino usando come fac simile il modello proposto di seguito.

Magazzino Considerato	Materie Prime e Semilavorati		
Infrastrutture di magazzino presenti	Portapallet e Scaffali		
Aree per deposito a catasta	No		
Numero posti pallet	60		
Capacità scaffali (scatole)	40		
Tipologie di prodotti gestiti	Accessori	Pelli	
Unità logistica (SKU - Stock Keeping Unit)	Collo	Pallet	
Impilabilità	No	No	
Tossicità	No	No	
Gestione della scorta	FIFO*	FIFO	
Condizioni di magazzino (p.e refrigerato, temperatura costante, sorvegliato, etc)	Nessuna	Nessuna	
Risorse destinate al magazzino	1 Persona		
Mezzi per la movimentazione	Carrello elevatore forche frontali 3 ruote elettrico		
	Transpallet manuale		
	Carrello manuale per il trasporto degli accessori		

* - Nel magazzino dove la merce viene gestita con logica FIFO (First In First Out) il prodotto acquistato per primo o entrato a magazzino per primo è quello che verrà usato per primo. Si contrappone alla logica LIFO (Last In First Out) in cui l'ultimo prodotto ad entrare nel magazzino è quello che viene usato per primo. La logica FIFO è ottimale per i prodotti obsolescenti.

Figura 7: Analisi del Magazzino

Presi in considerazione gli aspetti legati alle risorse a disposizione per il magazzino è necessario ora comprendere come stoccare la merce. I modelli che fondamentalmente vengono usati possono essere classificati in:

1. a memoria;
2. a locazione fissa;
3. a locazione random.

3. IL MODELLO A MEMORIA

Tale modello è quello più semplice da utilizzare e si basa completamente sulla capacità mnemonica delle persone. L'allocazione della merce è decisa generalmente al momento del bisogno e il ritrovamento della merce stoccata avviene nello stesso modo, ovvero ricordando dove è stata posizionata. Tale sistema anche se arcaico può essere efficacemente usato in alcune particolari situazioni in quanto è in grado di ottimizzare lo spazio a disposizione. La merce (SKU - stock keeping unit – rappresenta l'unità stoccabile, come p.e. il pallet, il cartone, etc.) non ha una locazione definita per cui elimina il rischio di dovere tenere dello spazio libero perché manca la merce che lo avrebbe dovuto occupare.

Il modello funzione se:

- Le locazioni di stoccaggio sono limitate in numero.
- Le locazioni di stoccaggio solo limitate in dimensioni.
- La varietà dei prodotti da stoccare è limitata.

Aspetti positivi:

- Semplice da comprendere.
- Non necessita di sistemi di tracciatura.
- Piena utilizzazione dello spazio.

Aspetti negativi

- La mappatura e il posizionamento della merce è nella memoria di qualche addetto. La capacità operativa del magazzino o di parte di esso viene a dipendere totalmente da una o più risorse difficilmente sostituibili.

- La dimenticanza della posizione di un prodotto diventa o una perdita del prodotto stesso o genera tempi persi per la sua ricerca.

Quando un posizionamento a memoria può funzionare:

- Nel caso di spazi limitati e di locazioni di stoccaggio limitate.
- Limitata varietà dei prodotti da stoccare.
- La forma, le dimensioni dei prodotti permetttono una facile identificazione visiva della SKU.
- Sono pochi individui possono gestire l'are di magazzino (ottimale una persona sola).
- Gli operatori devono essere sempre presenti nel magazzino.
- La variabilità dei prodotti nel tempo è limitata.

Nel caso una o più delle precedenti condizioni non dovessero essere verificate, l'allocazione a memoria non risulta essere il metodo di stoccaggio adatto.

4. MODELLO A LOCAZIONE FISSA

In tale situazione ogni referenza ha la propria locazione e null'altro può essere messo nella locazione dedicata. La prima conseguenza di questo modello è rappresentata dal fatto che il numero delle locazioni a disposizione nel magazzino deve essere uguale o superiore al numero massimo di SKU che vengono generalmente gestite.

Le debolezze del modello si possono sintetizzare in:

- magazzino a nido d'ape (Honeycombing);
- allocazione di spazio generalmente superiore alla reale quantità immagazzinata.

Il fenomeno del Honeycombing si verifica quando in un magazzino parte delle locazioni dedicate rimangono vuote. A questo punto risulta essere interessante misurare il fenomeno di Honeycombing presente nel magazzino. L'indice in grado di esprimere un dato significativo può essere anche chiamato efficienza di stoccaggio.

$$\text{Indice di Honeycombing} = \frac{\text{Numero di locazioni vuote}}{\text{Numero di locazioni totali}}$$

Più l'indice si avvicina al valore 1 e più il magazzino risente del fenomeno di "nido d'ape", con molte locazioni inutilizzate. In tal caso è necessario prendere provvedimenti per ridurre drasticamente il numero di locazioni vuote. Condizioni positive sono rappresentate da un indice che si avvicina allo 0.

Suggerimento operativo:

Calcolale il rapporto di Honeycombing a intervalli regolari nella propria azienda

Punti di forza del sistema a locazione fissa

- Massima conoscenza di dove la merce è stoccata
- Minimi tempi di ricerca dei prodotti
- Il prelievo e lo stoccaggio possono essere fatti da persone non particolarmente istruite sulla gestione del magazzino.
- Riduzione degli errori in fase di prelievo della merce
- Capacità di programmare il prelievo generando missioni a minimo percorso
- Possibilità di posizionare il prodotto nelle vicinanze del suo punto di utilizzo
- Possibilità di aggregare prodotti per tipologia (dimensione, tossicità, valore, etc).

Punti di debolezza

- Magazzino a nido d'ape
- Spreco di spazio e di volumi
- Scarsa flessibilità: se i prodotti cambiano spesso, si dovrà con la stessa frequenza ricambiare la loro allocazione.

Con prodotti legati alla moda o a forti stagionalità è impossibile prevedere il massimo spazio necessario per l'allocazione.

5. MODELLO AD AREA (ZONING)

Come nel caso di un prodotto a locazione fissa, in tale situazione solo quei prodotti che detengono alcune caratteristiche possono allocare in una determinata zona. Prodotti con diverse caratteristiche non possono condividere la stessa area. Nel caso della distribuzione alimentare le zone potrebbero essere identificate come l'area per i secchi, l'area per i prodotti freschi e l'area per i prodotti surgelati. La concentrazione di prodotti con simili caratteristiche permette di organizzare le zone in modo da usare gli stessi sistemi di stoccaggio, gli stessi sistemi di movimentazione etc.

Punti di forza del modello

- Possibilità di usare altri modelli di stoccaggio (memoria o random –vedere prossimo paragrafo) all'interno di una zona
- Flessibilità nell'aggiunta o nell'eliminazioni di prodotti all'interno di ciascuna area

Punti di debolezza

- La divisione a zone contribuisce anch'essa alla creazione di allocazioni vuote.

6. ALLOCAZIONE RANDOM

Con la dicitura Random si intende un posizionamento del prodotto “a caso”, senza un ordine precostituito. Il sistema funziona quando nessun prodotto ha una propria locazione predefinita ma si è in grado di individuarne la sua posizione una volta presente. Con questo sistema è necessario mantenere traccia di dove venga messo un prodotto e da dove venga prelevato.

I sistemi di tracciatura possono essere basati su un sistema informativo che usa un database per la registrazione oppure su un sistema cartaceo dove vengono annotate i singoli movimenti. Laddove la movimentazione sia limitata in termini di prelievi o allocazioni giorno (poche unità) la tracciabilità del sistema può essere garantita da annotazioni su supporti cartacei. Quando la frequenza aumenta è allora necessario un sistema informatizzato per non sprecare tempo in registrazioni fatte a mano (a volte sorgenti di errore).

Il vantaggio principale di questo sistema è la possibilità di sfruttare al meglio lo spazio eliminando l'effetto honeycombing del modello precedente.

Punto di forza

- Massimizzazione dello spazio
- Controllo di dove e quanti articoli sono stoccati nel magazzino

Punti di debolezza

- Diviene necessario creare un sistema informativo in grado di tenere traccia di tutto ciò che avviene nel magazzino
- Il modello potrebbe essere complicato per quelle realtà aziendali con poche referenze

7. SISTEMI COMBINATI

I modelli fino ad ora esposti non sono i soli né sono esclusivi. Ciò significa che nelle aziende è opportuno valutare anche il loro mix, dedicando per alcune tipologie di prodotti o per un magazzino in particolare (materie prime, semilavorati o prodotti finiti) un modello e per il resto dei magazzini in azienda un altro modello. Sulla base delle caratteristiche di ciascun particolare gruppo di prodotti e sulla base delle loro caratteristiche viene scelto il modello più appropriato.

Esempio:

Un'azienda commercializza 4 tipologie di prodotti che vengono distribuiti con contenitori differenti. Nella tabella sottostante viene simulata l'occupazione necessaria se venisse scelto il modello a posizione fissa o quello random. Oltre ai dati riportati in tabella deve essere considerato che mediamente l'azienda ha mediamente in magazzino il 30% della quantità massima attesa.

Codice	Descrizione	Contenitore	Largh	Prof	Alt	Volume contenitore	Numero massimo di pezzi previsti	Volume di stoccaggio richiesto per il modello a postazione fissa	Volume di stoccaggio richiesto per il modello random
			m	m	m	m3	Num	m3	m3
123456	Sistema idraulico ridut	Box	0,6	0,9	0,3	0,16	6	0,97	0,29
678901	Sistema pomp.	Cartone	1,2	1,2	1,2	1,73	64	110,59	33,18
654321	Gruppo elettrog x pomp.	Cartone	0,9	1,2	0,6	0,65	24	15,55	4,67
198765	Gruppo idraulico ottone	Box	0,6	0,3	0,3	0,05	6	0,32	0,10
								127,44	38,23

Figura 8: Confronto tra diversi sistemi di stoccaggio

Dalla simulazione proposta appare evidente come il sistema di stoccaggio di tipo random (38,23 metri cubi) permette di ridurre il fabbisogno volumetrico rispetto a quello a postazione fissa (127,44 metri cubi).

8. TEORIE SUL POSIZIONAMENTO DEI PRODOTTI A MAGAZZINO

In questo capitolo si affronterà il tema relativo alle teorie per il posizionamento della merce negli scaffali. Una volta definito il modello da adottare si deve decidere quali prodotti allocare in una posizione piuttosto che in un'altra.

L'obiettivo di queste teorie è rendere più agevole la localizzazione del prodotto stoccato in modo da minimizzare i tempi di ricerca e i tempi di trasferimento.

STRATIFICAZIONE DEI PRODOTTI (METODO ABC)

La stratificazione dei prodotti consiste di due parti:

1) Divisione in classi A-B-C

2) Calcolo del ciclo carico/scarico

Classificazione A-B-C

La classificazione A-B-C deriva dalla famosa legge di Pareto, un sociologo italiano (n. 1848 –m. 1923) che in uno studio della società italiana aveva appurato che circa l'80-85% della ricchezza del paese era mantenuta dal 15-20% della popolazione. Il concetto è stato poi adottato in diversi ambiti. In produzione si afferma che il 20% dei codici fornisce l'80% del fatturato; in magazzino la stessa regola diventa che solo il 20% dei codici richiede l'80% delle movimentazioni.

A cosa può servire la legge di Pareto nella gestione dei codici in un magazzino? Come appena accennato, adottando questa semplice legge si potrà scoprire che solo il 20% delle referenze tenute a magazzino genera l'80% dei movimenti. Importante allora identificare quel 20% di referenze che assorbe la maggior parte delle risorse (uomini e mezzi).

Si consiglia di munirsi della lista delle movimentazioni fatte a magazzino in un periodo di riferimento (generalmente l'anno precedente all'analisi) per un gruppo di prodotti dalle caratteristiche simili (peso, dimensione, tossicità, etc.). Alcuni sistemi gestionali sono in grado di fornire la lista nei codici tenuti a magazzino con il numero di prelievi fatti. Se non si è in possesso di questo documento è opportuno considerare il numero di prodotti venduti. Si consiglia di fare attenzione nel momento in cui si voglia invece usare l'elenco con il venduto in valore.

Suggerimento operativo:

L'elenco fatto in valore potrebbe non rispecchiare la reale movimentazione del magazzino. Alcuni prodotti, infatti, ad alto valore potrebbero risultare tra i primi in elenco anche se il loro numero di movimentazioni potrebbe essere limitato.

L'elenco con il numero di pezzi venduti è sicuramente più attendibile rispetto a quello in valore ma presenta ancora dei possibili problemi. Un prodotto potrebbe essere venduto in grande quantità, ma in poche volte, quindi non si generano delle movimentazioni di magazzino

L'elenco dei prodotti in ordine di prelievi fornisce esattamente la movimentazione del magazzino. Una stratificazione fatta su questo valore porta in primo piano (classe A) tutti quei prodotti che sono stati movimentati più frequentemente.

Attività operative

1. Prendere la lista con tutti i prelievi fatti per codice articolo e metterla in ordine decrescente sul numero di prelievi fatti.

2. La lista ordinata farà comparire tra primi i prodotti che sono stati prelevati più frequentemente, mentre alla fine della lista si avranno quei prodotti che in molti casi reali non sono mai stati prelevati.

3. Calcolare il totale dei prelievi effettuati come somma dei prelievi di ciascun codice (nell'esempio è 4122).

4. Per ogni codice prodotto determinare il valore percentuale dei suoi prelievi sul totale, usando questa semplice formula:

$$\%\ di\ Prelievo = \frac{Numero\ prelievi\ del\ codice}{Totale\ dei\ Prelievi} \times 100$$

5. Determinato il valore percentuale si va a calcolare il cumulativo: il cumulativo per un codice è il risultato della somma di tutti i codici che lo hanno preceduto. Di seguito l'esempio chiarirà la modalità di calcolo.

Esempio:

Relativamente alla tabella presentata di seguito, consideriamo il codice prodotto 9487, la cui descrizione è "PRESA 2P+T 16A BIV.ST.ITALIANO". Tale codice ha registrato 355 prelievi su un totale di 4122. Il codice 9487 pesa sul totale in percentuale:

$$\% \; prelievi \; sul \; totale = 355 / 4122 * 100 = 8{,}61\%$$

Sommando tra di loro tutte le percentuali dei prodotti che lo precedono nella lista, il cumulativo percentuale per il codice 9487 risulta essere:

$$Cumulativo \; (codice \; 9487) = 17{,}37+11{,}04+10{,}50+10{,}43+10{,}31+9{,}83+8{,}61 = 78{,}09\%$$

6. A questo punto i prodotti che generano un cumulativo pari all'80% dei prelievi vengono classificati come classe A (nella realtà di solito sono circa il 20% del totale delle referenze).

7. I prodotto che hanno un cumulativo compreso dall'80% al 95% vengono classificati come prodotti di classe B.

8. Il restante saranno i prodotti di classe C.

Questa classificazione permette di distinguere quei prodotti che dovrebbero essere posizionati "a portata di mano", mentre le locazioni più lontane o scomode potrebbero essere occupate dai prodotti classificati come "C".

CODICE	DESCRIZIONE	PRELIEVI	% PRELIEVI SUL TOTALE	CUMULATIVO	CLASSE
9480	PRESA 2P+T 16A BIV.ST.ITAL.CON	716	17,37	17,37	A
9487	PRESA 2P+T 16A BIV.ST.ITALIANO	455	11,04	28,41	A
13969	STARTER 4/80W ST-U	433	10,50	38,91	A
9480	PRESA 2P+T 16A BIV.ST.ITAL.CON	430	10,43	49,34	A
19954	INTERRUTTORE 1P 16AX SY/WT	425	10,31	59,66	A
410	SCATOLA INCASSO RETTANG. 3M AZ	405	9,83	69,48	A
9487	PRESA 2P+T 16A BIV.ST.ITALIANO	355	8,61	78,09	A
5306	CAVO H05VVF 3G1 BIANCO	100	2,43	80,52	A
33319	TRASF.ELETTR.GET 105 FI/V1US	99	2,40	82,92	B
4160	MASTER TL-D SUPER 80 36W/840 S	99	2,40	85,32	B
3995	GUAINA MATUFLESS GRIGIA D. 20	98	2,38	87,70	B
3000	SPINA BLITZ SQ.B.10A+T	98	2,38	90,08	B
9810	CASSETTA DERIVAZIONE INCASSO 1	98	2,38	92,46	B
412	SCATOLA INCASSO RETTANG. 4M AZ	97	2,35	94,81	B
18352	LIVING INT - PRESA UNEL E BIPA	97	2,35	97,16	C
4452	M47 M47 G4 12V 20W GE	80	1,94	99,10	C
23894	CAVO NPIFROR 450/750V 5G1	18	0,44	99,54	C
2156	PTL E14 PLAST.BIANCO	9	0,22	99,76	C
24963	PRESA 2P+T 16A P17/11 ASSIALE	9	0,22	99,98	C
19377	GIASOLE T.S.FLUOR SILVER	1	0,02	100,00	C
4242	DBX108404P F10DBX/840/4P_POL	0	0,00	100,00	C
9862	PRESA BL.OR.S.F.3P+T 16A 400V	0	0,00	100,00	C
19559	TERMOREG. BARRA DIN + PTC1000	0	0,00	100,00	C
	TOTALE PRELIEVI	4122			

Figura 9: Esempio di distribuzione ABC

Quali potrebbero essere gli effetti di una tale classificazione dal punto di vista operativo?

Vediamo semplicemente con un esempio numerico:

Esempio:

Sistemando i prodotti di classe A nelle aree di magazzino più accessibili si vanno a ridurre i tempi di prelievo. L'azienda in cui si è applicato la distribuzione A-B-C dei prodotti a magazzino ha ridotto da 4 minuti a 3 minuti il tempo medio di ogni prelievo.

Per riuscire a fare queste valutazioni si deve:

Rilevare il numero di prelievi fatti in una giornata.

Rilevare il tempo medio per ogni prelievo (Se nell'azienda una persona è dedicata interamente a questo tipo di attività, allora il calcolo sarà semplicemente quello di:

$$Tempo\ prelievo\ medio = \frac{Durata\ Turno}{Numero\ di\ Prelievi\ Effettuati}$$

Con il nuovo metodo l'azienda ha un tempo medio di 3 minuti invece di 4 min.

I prelievi medi effettuati in una giornata sono 120 (vedere tabella seguente)

Prima dell'intervento gli operatori erano impegnati in prelievi per un totale di 8 ore al giorno in prelievi. Dopo la classificazione gli operatori sono impegnanti per 6 ore. Il beneficio è stato quello di liberare tempo agli operatori che adesso possono o essere destinati a nuove attività a maggiore valore (imballaggio, etichettatura, etc.) oppure sono in grado di aumentare il numero di prelievi fatti (opportunità di crescita del business).

Prelievi giornalieri	120
Minuti per prelievo PRIMA della classificazione	4,0
Tempo dedicato ai prelievi (min)	480,0
Tempo dedicato ai prelievi (ore)	8,0
Minuti per prelievo DOPO la classificazione	3,0
Tempo dedicato ai prelievi (min)	360,0
Tempo dedicato ai prelievi (ore)	6,0
Tempo liberato agli operatori (ore)	2,0

Figura 10: Confronto tempi di picking

In un mese, l'azienda ha liberato agli operatori oltre 5 giornate di lavoro (una giornata è pari a 8 ore).

Suggerimento Operativo:

Gli esempi seguenti mettono in evidenza il suggerimento operativo su come disporre la merce a magazzino sulla base della classificazione. La regola di base è che il prodotto di classe A deve essere sempre quello più a portata di mano.

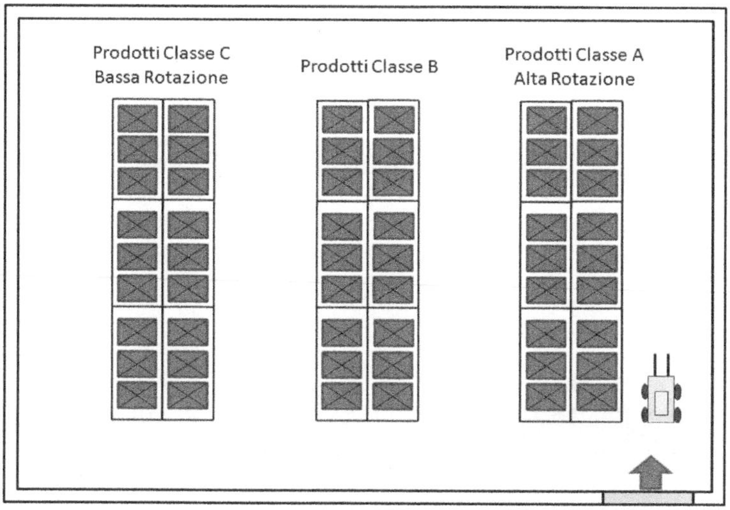

Figura 11: Esempio di posizionamento della merce

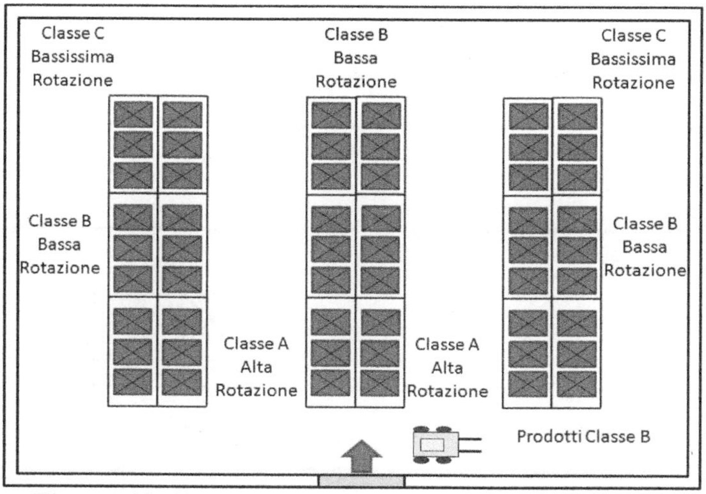

Figura 12: Esempio di posizionamento della merce

Oltre alla stratificazione è consigliabile valutare ance tutto il processo di carico e scarico di un prodotto. Si può considerare che un particolare prodotto venga portato in azienda su un pallet e siano caricate 10 confezioni. La produzione necessita di una confezione alla volta. Il processo vede quindi l'arrivo del pallet, la messa a stock del pallet e il prelievo di ogni singolo cartone per portarlo in produzione quando ve ne è il bisogno. Il processo di carico scarico vede quindi una missione di carico del magazzino e 10 missioni di scarico.

Per trovare la giusta collocazione del punto di stock si possono fare tre simulazioni, preoccupandoci di rilevare il tempo necessario per un'operazione di carico e per un'operazione di scarico. Nei tre esempi riproposti nella figura seguente si cambia la posizione del pallet stoccato. Il caso A vede il pallet stoccato vicino ala baia di arrivo della merce, il caso B il pallet è in una posizione intermedia, infine nel caso C il pallet è in una posizione comoda al prelievo da parte della produzione.

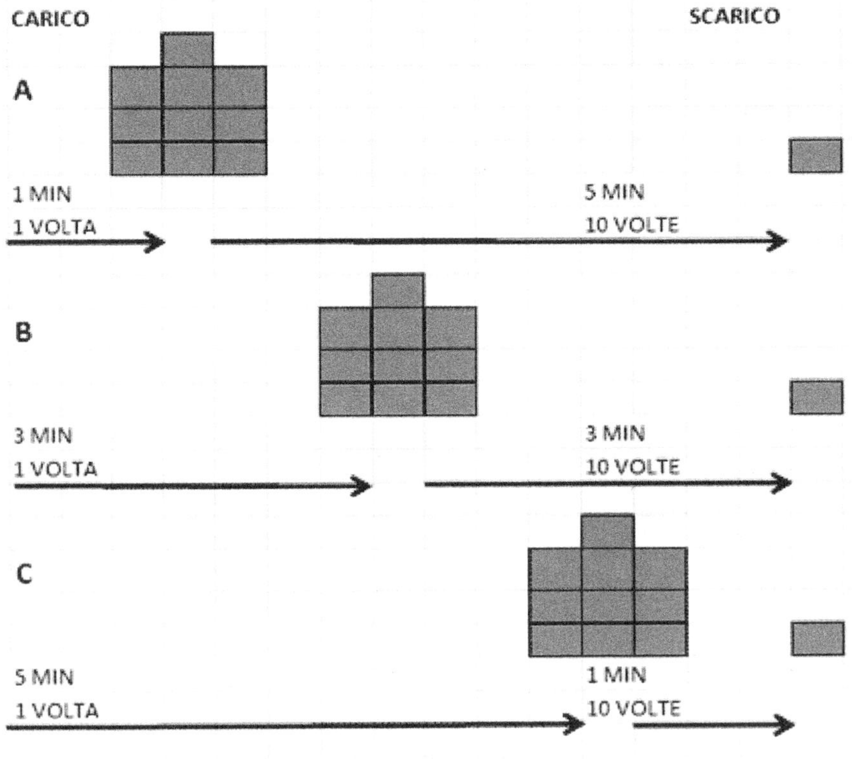

Figura 13: Ciclo di Carico e Scarico

Di seguito vengono riproposti i semplici calcoli utilizzati per quantificare la differenza di tempo nel processo carico/scarico delle tre situazioni.

Soluzione A

Viaggi per carico: 1
Tempo per carico: 1 min
Pezzi per viaggio: 10

Tempo totale: 1 min x 1 viaggio = 1 min

Viaggi per scarico: 10
Tempo per scarico: 5 min
Pezzi per viaggio: 1

Tempo totale: 5 min x 10 viaggi = 50 min

Tempo di processo carico scarico = 1 min + 50 min = 51 min

Soluzione B

Viaggi per carico: 1
Tempo per carico: 3 min
Pezzi per viaggio: 10

Tempo totale: 3 min x 1 viaggio = 3 min

Viaggi per scarico: 10
Tempo per scarico: 3 min
Pezzi per viaggio: 1

Tempo totale: 3 min x 10 viaggi = 30 min

Tempo di processo carico scarico = 3 min + 30 min = 33 min

Soluzione C

Viaggi per carico: 1
Tempo per carico: 5 min
Pezzi per viaggio: 10

Tempo totale: 5 min x 1 viaggio = 5 min

Viaggi per scarico: 10
Tempo per scarico: 1 min
Pezzi per viaggio: 1

Tempo totale: 1 min x 10 viaggi = 10 min

Tempo di processo carico scarico = 5 min + 10 min = 15 min

Figura 14: Simulazione ciclo Carico Scarico

La simulazione proposta su tre soluzioni sottolinea come il collocare un prodotto vicino al suo punto di utilizzo comporti un vantaggio in termini di tempo risparmiato (dai 51 min della soluzione A ai 15 min della soluzione C).

Esempio:

Un'azienda delle distribuzione alimentare ha circa 8000 referenze. Ciascuna referenza ha caratteristiche che possono a volte definirsi uniche. L'azienda risponde all'ordine con delle missioni di picking nel magazzino. La merce viene preparata e spedita solo su pallet. Il picker (operatore addetto al prelievo dei singolo prodotti da magazzino) prepara l'ordine seguendo quanto scritto sulla lista di prelievo (picking list). Da evitare che la merce più fragile o più debole sia posizionata alla base del pallet.

L'organizzazione della merce a magazzino ha visto un primo studio per la determinazione delle famiglie. Si sono definite le seguenti famiglie: Olii e aceti; Verdure in scatola; Carne in scatola; Prodotti per animali in scatola; Salse e sughi di pomodoro; Alimentazione in genere; Riso; Pasta; Caffè; Pane e sostituti del pane; prodotti da forno e cereali; Sale-Dolci-Prodotti extra pasto.

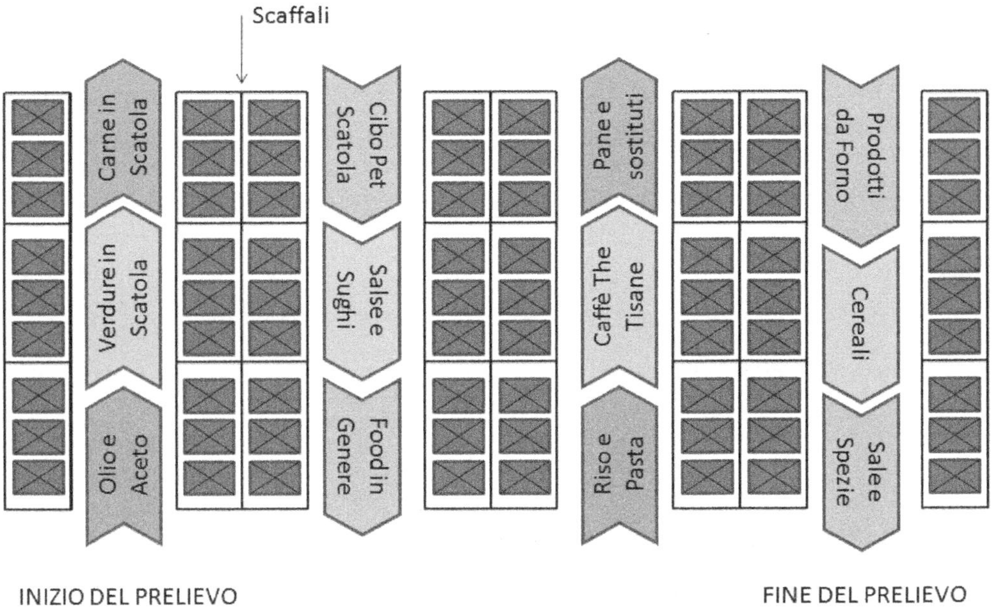

Figura 15: Esempio di disposizione della merce in magazzino food

Per ogni famiglia si sono definite le classi di prodotto A-B-C. Posizionando per ogni famiglia il prodotto di classe "A" a portata di mano del picker, si sono ridotti i tempi di preparazione dell'ordine.

Con questa soluzione i vantaggi ottenuti sono stati la garanzia dell'integrità dei prodotti alla consegna al cliente e la minimizzazione dei tempi di preparazione dell'ordine.

9. IL PROCESSO DI MAPPATURA: CREARE IL LEGAME

Al fine di tenere traccia di dove sia una SKU (è l'unità non divisibile che viene gestita a magazzino – Stock Keeping Unit – e può essere rappresentata da un articolo, un collo, un pallet) in un determinato istante è necessario:

1) Identificare in modo chiaro ogni SKU

Suggerimento operativo

Nella registrazione a sistema informativo, accompagnare a un codice alfanumerico (cioè composto da una sequenza di numeri e di lettere) anche la descrizione del prodotto in chiaro.

2) Identificare in modo chiaro l'unità di movimentazione.

Esempio:

Codice: 12AB56 Descrizione: Tarallino Bianco

Esempio:

Un errore che può accadere spesso in un magazzino è quanto l'operatore addetto al prelievo ha riportato sulla lista di picking un numero di unità da prelevare. Si consideri la seguente riga d'ordine:

Codice	Descrizione	Quantità
12AB56	Tarallino Bianco	4

L'operatore si trova di fronte a un pallet su cui sono depositate 5 scatole di cartone ciascuna delle quali contiene 4 unità di vendita. La domanda che porta all'errore è:

"Devo prelevare un cartone che contiene 4 unità di vendita o 4 cartoni?"

Questa riga d'ordine non è chiara e di conseguenza può portare a un errore di interpretazione, soprattutto per operatori poco esperti. In un magazzino efficiente non si devono permettere errate interpretazioni di qualsiasi istruzione.

Proviamo ad apportare una prima modifica

Codice	Descrizione	Quantità
12AB56	Tarallino Bianco 375 g	4

Il problema è stato risolto apparentemente. Questa notazione potrebbe significare che la nostra unità di movimentazione è la confezione da 375g. Attenzione perché questa descrizione potrebbe essere stata creata per distinguere il codice da un altro che viene venduto in una diversa confezione.

Se si ha un ulteriore codice (p.e. il 12AB57) questo potrebbe essere presente nella sua locazione in cartoni con 4 unità di vendita (sacchetti) ciascuno.

Codice	Descrizione	Quantità
12AB56	Tarallino Bianco 375g	4
12AB57	Tarallino Bianco 500g	2

Il problema non è stato risolto in quanto non è chiaro quale sia la SKU. La soluzione è allora quella di scrivere in chiaro l'unità da movimentare per non dare origine a errate interpretazioni.

Codice	Descrizione	Quantità	Unità
12AB56	Tarallino Bianco 375g	4	Cartone
12AB57	Tarallino Bianco 500g	2	Sacchetto

In tale situazione è evidente che per il codice 12AB56 verranno prelevati 4 cartoni, mentre per il codice 12AB57 il cartone verrà aperto e ne verranno prelevati 2 sacchetti.

3) Identificare in modo chiaro ogni locazione del magazzino.

Tale attività viene anche detta mappatura. Il lavoro deve portare a identificare ogni locazione che sarà destinata a contenere della merce. Il processo di attribuzione è esattamente quello utilizzato per identificare l'indirizzo di un'abitazione: devono essere specificate la città, la via, il numero civico e l'interno. Con la stessa modalità, nel magazzino da mappare le città sono le zone del magazzino, la via è lo scaffale, il numero civico è il corrente, l'interno è il ripiano. Ogni posizione verrà quindi identificata con una sequenza di lettere e numeri, dove ciascun campo (la posizione del numero nel codice) ha un significato preciso.

Esempio:

Nelle aziende si può identificare la locazione con un numero come quello seguente:

Locazione: 03 02 10 03 04

In tal caso ogni campo di due cifre ha il seguente significato:

Magazzino	Zona	Scaffale	Corrente/Rack	Ripiano
03	02	10	03	04

All'interno dell'azienda si dovrà cercare il magazzino 03, nel quale vi sarà la zona 02. All'interno di tale zona dovremmo trovare lo scaffale 10 e percorrerlo fino a trovare il corrente/rack 03 (il corrente o rack è la parte orizzontale di uno scaffale posta tra i due montanti che forma il ripiano). A questo punto la locazione cercata è al quarto livello.

I sistemi di codifica delle locazioni variano da azienda ad azienda, non esiste uno standard preciso se non le regole che sono state esposte precedentemente. Vale la pena sottolineare solo degli aspetti di precauzione.

Quando si nominano le locazioni fare attenzione a garantirsi una flessibilità che permetta agevolmente di cambiare o rinominare una locazione senza dovere rinominare l'intero magazzino. Nella pratica se si deve scegliere tra l'uso di un campo (per esempio il numero dello scaffale) a una o due cifre, si deve considerare che con un campo a una cifra numerica si avranno 9 attribuzioni possibili (posso avere al massimo 9 scaffali – la posizione 0 non viene considerata), mentre con un campo a due cifre si potrà arrivare a 99 attribuzioni possibili (max 99 scaffali – anche in questo caso la combinazione 00 non viene considerata). Se invece del formato numerico si vuole usare il formato alfanumerico (tutte le lettere dalla A alla Z e in più i numeri dallo 0 al 9) il numero di attribuzioni possibili cresce considerevolmente. Nella tabella posta di seguito alcuni semplici confronti:

Tipo di codifica	**Cifre usate**	**Combinazioni**
Campo con una cifra numerica	Da 1 a 9	9
Campo con due cifre numeriche	Da 01 a 99	99
Campo con una cifra alfanumerica	Da 1 a 9 e da A a Z	35
Campo con due cifre alfanumeriche	Da 01 a 99 e da AA a ZZ	1295

Questa considerazione è utile nel caso si preveda di aumentare la capacità del magazzino o di espandere quello esistente.

Suggerimento operativo

Nella mappatura del magazzino preferite l'uso di campi a più cifre per garantire una maggiore flessibilità.

Nella numerazione delle varie aree si cerchi di applicare una logica che faciliti le successive operazioni di picking.

Su ciascuna locazione si applichi una etichetta in modo da identificare velocemente la locazione stessa.

La grandezza dei caratteri usati per le etichette deve essere tale da essere letta senza problemi da persone a qualche metro di distanza.

4) Creare un legame tra la SKU e la locazione in cui è stoccata

A questo punto è necessario creare un legame e registrarlo in qualche modo (su carta o in un database di un computer) tra il prodotto (SKU) e la locazione. In questo modo chi gestisce il magazzino saprà che un determinato prodotto è allocato in una ben precisa locazione e che una determinata locazione è occupata da un ben determinato prodotto. Questa corrispondenza biunivoca permette una gestione efficiente del magazzino.

5) Aggiornare in tempo reale ogni variazione della corrispondenza SKU-locazione.

Non è sufficiente registrare l'informazione del punto precedente, il problema risulta essere invece quello di mantenere aggiornate le informazioni. Per fare questo è necessario tenere traccia e in tempo reale (ovvero registrare nel momento in cui gli eventi accadono) tutti i movimenti di magazzino. La perdita o la non registrazione di queste informazioni vanificherebbe lo sforzo fatto fino ad ora per mappare il magazzino e dare una codifica al prodotto.

Suggerimento Operativo:

Deve diventare una regola organizzativa il fatto che ogni merce venga toccata per essere spostata debba dare origine a un'informazione che aggiorna le corrispondenze memorizzate. Se ciò non dovesse succedere o se venisse fatto in modo errato potreste trovarvi in una di queste situazioni:

- La merce stoccata in una locazione non è corrispondente a quella registrata.
- Una locazione che dovrebbe essere vuota risulta essere occupata o viceversa.
- La merce che doveva essere in una locazione nella realtà non c'è e non si riesce a determinare la sua nuova posizione.

Almeno all'inizio del progetto di mappatura, si consiglia di verificare a campione (su merce o locazioni scelte a caso) se le corrispondenze sono valide.

Laddove le movimentazioni non siano molto frequenti il sistema di registrazione e di tracciatura può essere fatto anche su supporto cartaceo. Chi movimenta la merce, infatti, compila un rapportino in cui scrive la merce movimentata (Codice), la data della movimentazione, l'ora in cui è stata movimentata, la quantità movimentata, la locazione da cui è stata prelevata e la posizione in cui è stata depositata. Questo documento verrà poi trasferito sul sistema gestionale aziendale che memorizza tutti i movimenti fatti.

Se nel magazzino, invece, le movimentazioni sono molto frequenti, la compilazione a mano di un modulo sarebbe un'inutile perdita di tempo. Si consiglia a questo punto di valutare l'ipotesi di installare un sistema di lettura codici a barre che è in grado di aggiornare in tempo reale le informazioni memorizzate all'interno del sistema gestionale aziendale. Con questo sistema attraverso una semplice lettura di un codice a barre si è in grado di evitare la trascrizione manuale delle informazioni precedentemente citate, ma le stesse informazioni vengono automaticamente aggiornate.

Capitolo Quinto
5. Modelli di Picking

Grado di difficoltà: ★☆☆ *Basso*

1. IL PROCESSO DI PICKING

Tra tutti i processi di magazzino, il processo di picking (prelievo) tende a raccogliere massima attenzione. Il prelievo è, infatti, un'attività che si riflette direttamente sul livello di soddisfazione del cliente, il quale desidera avere la consegna dell'ordinato velocemente e senza errori. La capacità, quindi, di preparare l'ordine del cliente in modo veloce e accurato è diventata una parte essenziale per fare business.

Esistono vari metodi per la preparazione dell'ordine e il modello scelto dipende dalle operazioni che normalmente vengono compiute all'interno del magazzino. Caratteristiche come la tipologia del prodotto che deve essere manipolato, il numero totale delle operazioni compiute, il numero totale di ordini, il numero di prelievi per ordine, la quantità prelevata da una locazione, il numero totale di locazioni da cui prelevare, l'unità prelevata per volta (l'articolo, il collo o il pallet), sono tutti elementi che influenzano il modello di picking che può essere adottato nel magazzino. In alcuni casi si rende necessaria una combinazione di metodi di prelievo per riuscire a gestire diversi prodotti e ordini con diverse caratteristiche.

Suggerimento Operativo

Cose da prendere in considerazione prima di definire il corretto sistema di prelievo (picking):

- Tipologia di prodotto – p.e.: pesante, non pesante, fragile, manipolabile, che necessita di attrezzature particolari per il prelievo
- Ordini da gestire ogni giorno – definire un ordine di grandezza
- Di quanti prodotti è normalmente composto un ordine - definire un ordine

di grandezza

- Quanti pezzi vengono normalmente prelevati quando l'operatore addetto al prelievo è di fronte alla locazione in cui sono stoccati i prodotti da prendere – fare delle rilevazioni e valutare quanti ordini possono essere soddisfatti da una locazione.

- Quante sono le locazioni da cui un operatore dovrà prelevare – valutare il numero di referenze presenti a magazzino e considerare se devono essere presenti tutte (ci sono dei codici che nell'ultimo anno non sono stati mai prelevati?)

Gli obiettivi a cui il modello di picking da scegliere deve mirare è un incremento della produttività, la riduzione del tempo di ciclo (tempo che intercorre dalla ricezione dell'ordine alla sua preparazione) a un miglioramento dell'accuratezza dell'ordine. Da tenere soprattutto in considerazione che alcuni degli obiettivi ricercati possono essere tra di loro in contrasto. Per esempio, la velocità e l'accuratezza possono essere inversamente proporzionali: un picking accurato può avere bisogno di un tempo più lungo (tempo ciclo) oppure una riduzione del tempo ciclo può ridurre anche l'accuratezza con cui viene preparato l'ordine stesso.

Come in qualsiasi nuovo progetto di miglioramento , come prima cosa da fare vi è il rilievo dello stato attuale. Diviene necessario fare delle rilevazioni in grado di registrare alcuni dei seguenti parametri:

- Produttività: la produttività è misurata come numero di prelievi fatti nell'unità di tempo (velocità di prelievo). Se il tempo di prelievo fisico del prodotto è piuttosto ridotto, ciò che conta valutare nel caso di singole unità prelevate è il percorso effettuato per portare a temine la preparazione dell'ordine.

- Tempo Ciclo (Cycle Time). Rappresenta l'ammontare di tempo complessivo da momento in cui l'ordine viene confermato al momento in cui la merce è pronta per essere spedita. In questi ultimi anni, soprattutto in alcuni settori come la distribuzione del farmaco o la distribuzione agroalimentare ai punti di vendita, si è ridotta da giornate a ore. Sistemi informativi in grado di localizzare il prodotto e fornire in tempo reale indicazioni di disponibilità di materiale sono solo alcuni metodi che vengono usati per ridurre il tempo ciclo.

- Accuratezza. L'accuratezza, quindi la perfetta rispondenza tra ciò che è stato ordinato e quanto è stato spedito, rappresenta uno dei principali obiettivi da raggiungere nell'ottica di migliorare il servizio al cliente. Da considerare che ogni decisione che viene presa nell'ambito del magazzino può influire direttamente sull'accuratezza dell'ordine stesso: formato e dimensione delle etichette, packaging del prodotto, localizzazione del prodotto nel magazzino, struttura del documento di prelievo, infrastrutture di stoccaggio presenti, condizioni di luce, e metodi di prelievo sono aspetti che influiscono direttamente sull'accuratezza. Un parametro di misura potrebbe essere rappresentato dal numero di ordini esatti sul numero totale di ordini; oppure numero di ordini che devono essere rimanipolati sul numero di ordini totali.

Rilevati i dati, a questo punto è necessario scegliere quale potrebbe essere il modello di picking più adatto tra:

- Il prelievo base – Basic Picking
- Il Prelievo Multi Ordine – Batch Picking
- Il Picking a zone - Zone Picking
- Il Picking Massivo (a onda) - Wave Picking

2. PRELIEVO BASE – BASIC PICKING

L'operatore addetto al prelievo realizza una missione per ogni ordine da soddisfare. Questo modello viene usato per preparare le spedizioni nella distribuzione per catalogo o quando si organizza la distribuzione di pezzi di ricambio. Con il Basic Picking usualmente il prodotto è stoccato in locazioni fisse su scaffalature statiche o in pallet. Un addetto al prelievo (picker) elabora un ordine per volta seguendo un percorso all'interno di un magazzino tra gli scaffali fino a che l'ordine è completo. L'addetto utilizza un documento cartaceo (picking list) o un sistema informativo (p.e. un dispositivo palmare) che gli comunica il cosa e quanti pezzi da prelevare.

Prelievo Base – Basic Picking

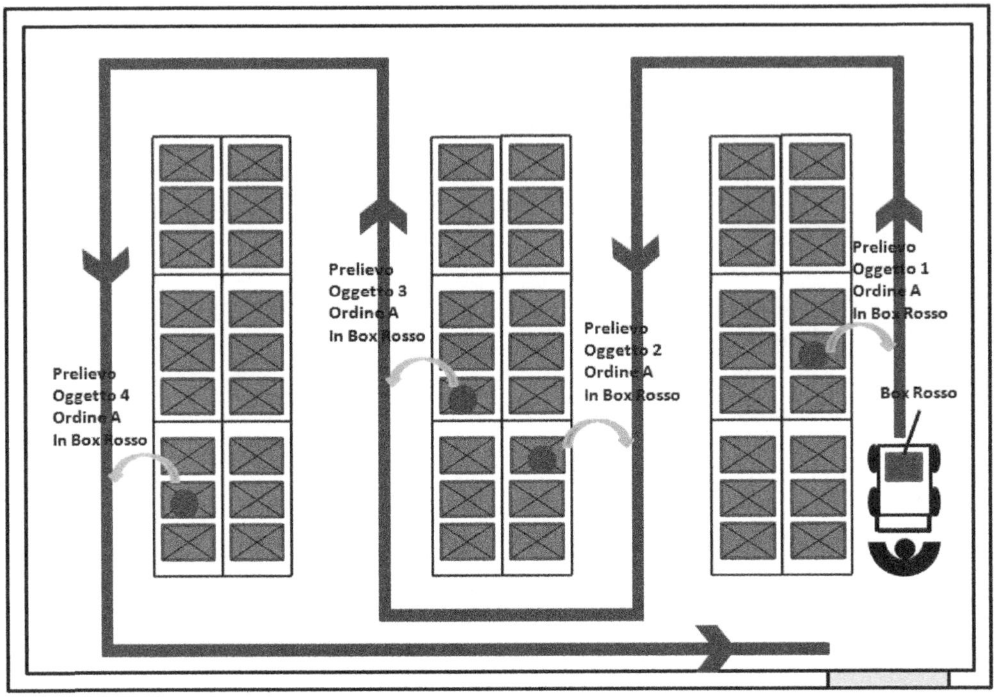

Figura 16: Prelievo Base

Modalità Operativa - Esempio:

- Al cliente verrà inviata una scatola contenente tutti i prodotti ordinati (Box Rosso).
- L'ordine per il cliente è identificato come "Ordine A".
- Il Picker ha nel documento di prelievo (picking list) la lista di prodotti (Articoli) da prelevare (nell'esempio 4 articoli).
- Il picker passa attraverso i corridoi e quanto si trova di fronte alla locazione che contiene il prodotto da prelevare effettua il prelievo.
- Ogni prodotto prelevato viene messo dentro il Box Rosso.
- Alla fine del giro, il picker ha completato l'ordine A e il Box Rosso è pronto per essere spedito al cliente.

Il picker in alcune situazioni utilizza in commissionatore [vedi carrello commissionatore] per girare all'interno del magazzino. L'ottimizzazione del processo deve prevedere la minimizzazione del percorso da fare, eliminando la possibilità di duplicare percorsi o di dovere ritornare su locazioni già visitate. Il documento di prelievo deve quindi considerare il posizionamento della merce lungo i corridoi. Il sistema di base funziona bene nei casi in cui si hanno pochi ordini da gestire e un elevato numero di prodotti da prelevare. Nel caso di ordini numerosi e numerosi operatori destinati al prelievo, si potrebbe creare la situazione in cui il corridoio è congestionato dai picker, evento che va a rallentare le operazioni e l'accuratezza dell'ordine stesso.

Suggerimento operativo:

Per semplificare le attività di prelievo, qualsiasi sia il sistema adottato, è necessario programmare lo stoccaggio della merce. Merce più pesante e impilabile prima, merce più delicata e leggera dopo. In questo modo i prodotti più pesanti vengono prelevati per prima e finiranno sotto i prodotti prelevati successivamente. Una corretta predisposizione della merce a magazzino consente di ridurre i rischi di danneggiamenti della merce stessa durante le fasi di prelievo.

3. PRELIEVO MULTI ORDINE – BATCH PICKING

Il prelievo multi ordine è indicato nel caso in cui l'ordine sia composto da pochi elementi, ma si devono gestire numerosi ordini al giorno. Il picker, per ottimizzare il percorso, a ogni giro nel magazzino cercherà di completare più ordini alla volta. Sarà eventualmente dotato di un commissionatore con scatole o casse (generalmente una per ogni ordine) destinate ad ospitare la merce prelevata per ciascun ordine. Tale metodo può funzionare con un massimo di 12 ordini per volta. Aumentare il numero di ordini per giro potrebbe influire sul livello di accuratezza (possibilità di compiere errori).

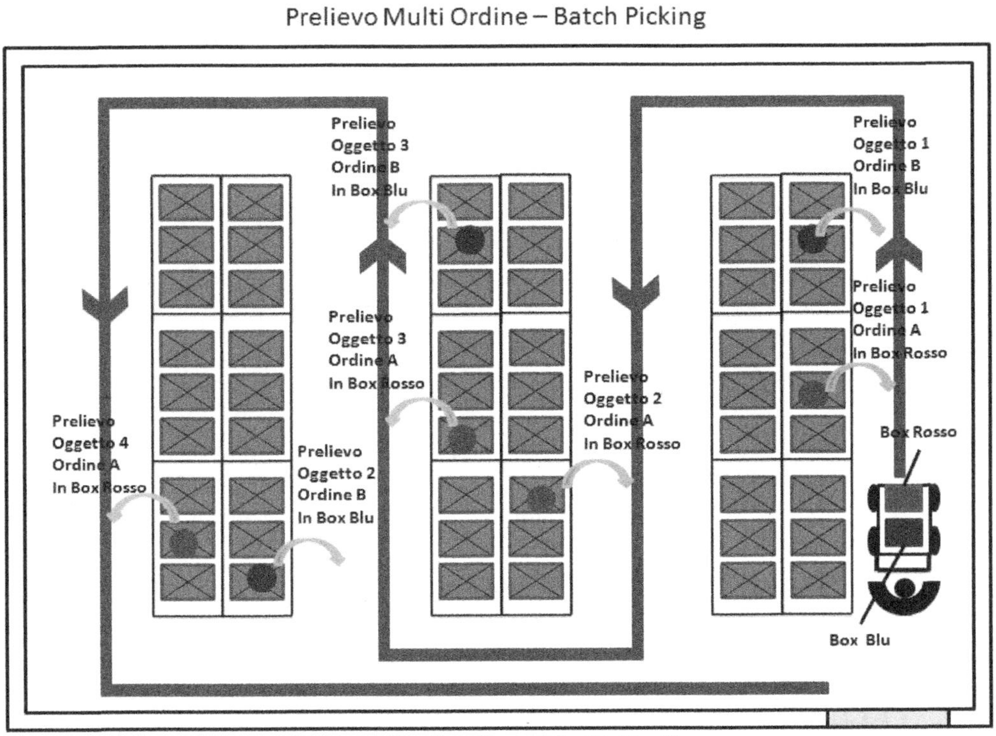

Figura 17: Prelievo Multi Ordine

Modalità Operativa - Esempio:

- Per ogni giro il picker preparerà due ordini.
- A ciascun cliente verrà inviata una scatola contenente tutti i prodotti ordinati (Box Rosso per il cliente A e Box Blu per il cliente B).
- Gli ordini per ciascun cliente sono identificati come "Ordine A" e "Ordine B".
- Il Picker ha nel documento di prelievo (picking list) la lista di prodotti (Oggetti) da prelevare (4 Oggetti per l'Ordine A e 3 Oggetti per l'Ordine B).
- Il picker passa attraverso i corridoi e quanto si trova di fronte alla locazione che contiene il prodotto da prelevare effettua il prelievo.
- Ogni prodotto prelevato per il cliente A viene messo dentro il Box Rosso,

mentre ogni prodotto prelevato per il cliente B viene messo nel Box Blu.

- Alla fine del giro, il picker ha completato sia l'ordine A nel Box Rosso sia l'Ordine B nel Box Blu e ambedue i contenitori sono pronti per essere spediti al cliente.

Il sistema informativo dovrà generare un documento di prelievo tale da aggregare gli stessi elementi da prelevare. L'obiettivo è quello di non fare tornare mai indietro il picker durante i prelievi. Nel caso in cui lo stesso prodotto debba andare su più ordini, il sistema informativo dovrà generare più righe d'ordine distinte.

Suggerimento operativo:

Tale modello potrebbe generare degli errori in fase di prelievo. Diviene necessario istruire i picker a porre attenzione quando depositeranno gli articoli all'interno dei contenitori. Potrebbe essere possibile che un articolo destinato a un cliente venga inavvertitamente posto nel contenitore sbagliato. Per questo motivo si suggerisce di non forzare il modello con più di 12 ordini per volta. Per ridurre le probabilità di errore le tecnologie informative vengono in aiuto.

Ogni contenitore viene dotato di un codice a barre che identifica il cliente. Ad ogni prelievo l'operatore legge il codice prodotto (che corrisponde a una spunta della picking list) e quando inserisce l'articolo nel contenitore legge il codice cliente. Con questa associazione si ha un controllo sull'esattezza del prelievo effettuato.

4. PICKING A ZONE – ZONE PICKING

La logica utilizzata è simile a quella della linea di assemblaggio. Ogni picker è responsabile di una zona e nel suo documento di prelievo saranno riportati solo quei prodotti che giacciono all'interno della sua zona. I prodotti prelevati vengono depositati in una cassa o in una scatola la quale attraverso dei convogliatori [vedere convogliatori] viene spostata da zona a zona. E' importante bilanciare i prelievi fatti nelle varie zone per non dare origine a fenomeni di collo di bottiglia e quindi a un rallentamento del flusso. Questo sistema è adatto in grandi realtà in cui sono stoccate grandi quantità di articoli differenti, in cui ci sia un alto numero di ordini da processare e in cui il numero di prelievi per area sia moderato. Nella distribuzione del farmaco il prelievo per area è una realtà. In alcuni casi si affiancano aree in cui il prelievo viene fatto automaticamente a aree in cui il prelievo viene fatto manualmente.

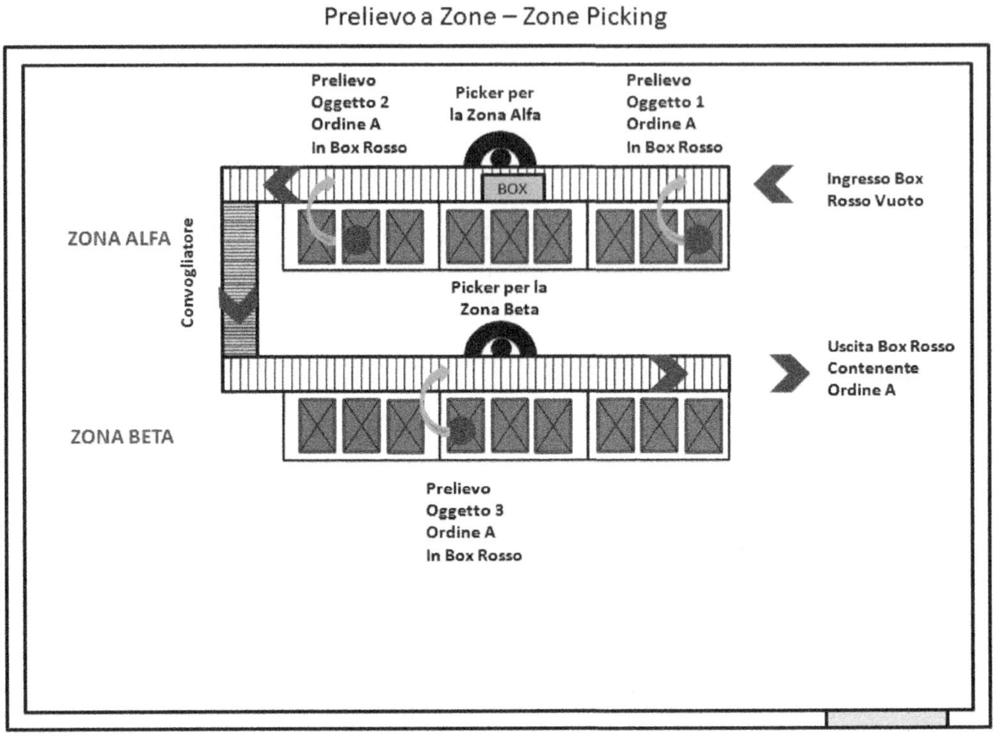

Figura 18: Prelievo a Zona

Modalità Operativa - Esempio:

- Ogni picker è fermo nella sua area (Zona).
- A girare da zona a zona sarà il contenitore (Box) attraverso dei convogliatori.
- Al cliente verrà inviato un contenitore contenente tutti i prodotti ordinati (Box Rosso).
- L'ordine per il cliente è identificato come "Ordine A".
- Il Picker ha nel documento di prelievo (picking list) la lista di prodotti (Oggetti) da prelevare che sono presenti nella sua zona (Zona Alfa).
- All'arrivo del Box, il picker preleva l'articolo indicato sulla lista di prelievo e lo inserisce nella scatola (Box Rosso).
- Quando il picker ha terminato di prelevare gli articoli presenti in lista,

invia attraverso il convogliatore il Box alla Zona successiva (Zona Beta).

- Il picker della Zona Beta effettuerà le stesse operazioni con gli articoli presenti sulla sua picking list.

- Alla fine del prelievo, il picker fa avanzare il Box Rosso. Nel caso in esempio, l'Ordine A è completato e il Box Rosso è pronto per essere spedito al cliente.

Suggerimento operativo:

Se si analizza in dettaglio il processo di prelievo si riscontra che una frazione di tempo viene dedicata alla "spunta" della picking list. Tale tempo risulta maggiore se la picking list è su formato cartaceo e l'operatore deve provvedere a cancellare dal foglio ogni articolo prelevato. Il tempo diminuisce se invece del foglio cartaceo, il picker utilizza un dispositivo palmare che è in grado di presentare visivamente il codice articolo da prelevare e di fare la scansione del codice a barre. In questo ultimo caso l'operatore deve perdere del tempo per prendere il lettore e fare la scansione.

La minimizzazione di questi tempi operativi può essere raggiunta attraverso l'utilizzo di due tecnologie moderne: il pick-to-light e il voice picking.

Pick-to-Light

Con questa modalità ogni singola posizione a scaffale è identificata da un sistema luminoso che è in grado di visualizzare attraverso un display il numero di prodotti da prelevare.

La gestione avviene attraverso un interfacciamento tra il sistema gestionale aziendale e i display posti sugli scaffali: per ogni ordine il sistema gestionale fa accendere il segnale luminoso in corrispondenza del prodotto da prelevare.

Prima del prelievo per un singolo ordine il sistema di gestione provvede a fare accendere tutte le locazioni che contengono prodotti da prelevare. Su ciascun display verrà visualizzato il numero di articoli che devono essere prelevati per l'ordine corrispondente. A questo punto l'addetto, sulla base dell'indicazione visualizzata, preleva i prodotti nella quantità segnalata e conferma l'avvenuto pick schiacciando un pulsante in corrispondenza della locazione accesa.

L'ordine può dirsi completato nel momento in cui tutti i display luminosi sono stati spenti dall'operatore. Come qualsiasi sistema basato su interfaccia informatica, il sistema per potere funzionare correttamente necessita di una mappatura delle posizioni a scaffale e della definizione delle locazioni per ogni prodotto. Ogni variazione di locazione di un prodotto prevede una ridefinizione della locazione a livello di sistema informativo

La tecnologia pick-to-light riduce i costi lavoro incrementando il numero di linee prelevate per ora da ogni addetto. Inoltre, migliora l'accuratezza e la precisione di prelievo permettendo all'addetto di mantenere lo sguardo sul lavoro seguendo le istruzioni che via via vengono visualizzate. Infine, l'operatore non ha le mani occupate da alcun dispositivo (carta o palmare).

Punti di debolezza:

Rigidità del sistema legato al fatto che non è adatto a lavorare con imballi dalle dimensioni molto variabili. Il sistema infatti presuppone celle definite e fisse in dimensioni. Il cambiamento d una cella o la necessità di aumentare le locazioni si tradurrebbe nella necessità di rifare parte dell'impianto o riprogrammare il sistema.

Voice Picking

In condizioni estreme (p.e. magazzini per surgelati) o nel caso in cui si voglia che l'operatore operi con entrambe le mani libere, il palmare non è adatto. La soluzione è rappresentata dal voice picking. Tale dispositivo, composto di ricetrasmettitore, cuffia e microfono consente al sistema informativo di parlare all'addetto e ricevere istruzioni attraverso comandi vocali.

Il sistema di gestione del magazzino dialoga con l'operatore attraverso una rete in radio frequenza. Un sintetizzatore vocale traduce le istruzioni in messaggi vocali. L'operatore risponde con comandi vocali alle istruzioni del sistema di gestione, un software di riconoscimento vocale tradurrà la voce in segnali da inviare al sistema. L'operatore lavora sempre con entrambe le mani libere e questo consente di essere la soluzione ottimale in quelle condizioni in cui sono necessarie alte prestazioni nelle fasi di prelievo.

Punti di debolezza:

Il lavoro per lunghi periodi e ad alta intensità di prelievi con un sistema Voice potrebbe risultare all'operatore estremamente alienante. Si consideri infatti che l'operatore deve comunicare continuamente con il sistema di gestione tramite la dichiarazione di dati, numeri e codici.

Sistemi a Realtà Aumentata

Si tratta di una tecnologia di prelievo che non necessita di documentazione cartacea in quanto le informazioni vengono proiettate su particolari occhiali in dotazione dell'operatore. Attraverso lenti di tipo *display-see-through* è possibile creare una fusione tra ambiente reale e ambiente virtuale. L'operatore viene informato, quindi, in modo visivo sulla posizione da cui prelevare, sull'oggetto da prelevare oltre che sul percorso che deve essere fatto per raggiungere la prossima posizione di prelievo. Sugli occhiali, infatti, è istallato un sistema di navigazione in grado di rilevare la posizione dell'operatore e fornire informazioni relative al percorso ottimizzato. Inoltre, la telecamera, sempre disposta sull'occhiale, consente di rilevare numeri di serie e numeri di lotto, contribuendo in modo decisivo a ridurre gli errori.

Punti di debolezza:

Anche se adottata nel settore automobilistico, la tecnologia è ancora in fase di inserimento del mercato. Come ogni prodotto che è nelle sue prime fasi del ciclo di vita, nei prossimi anni potrà subire numerosi riadattamenti e miglioramenti.

5. PICKING MASSIVO (A ONDA) – WAVE PICKING

Rappresenta una variazione del picking a zone e del picking multiplo. In pratica più ordini vengono raccolti in un unico documento di prelievo. Il picker carica su un contenitore tutti i prodotti da prelevare non curandosi dell'associazione con il relativo ordine. Lo smistamento verrà fatto solo alla fine del processo da un sistema generalmente automatizzato di smistamento (sorting).

Questo modello è tra quelli visti il più veloce (minore tempo ciclo) ma questa rapidità potrebbe essere annullata se il sistema di smistamento non è efficace. Il wave picking potrebbe essere adatto nel caso in cui un numero di ordini fosse destinato a un magazzino periferico per il rifornimento di una determinata area geografica. In questo caso lo smistamento verrebbe effettuato nel magazzino periferico.

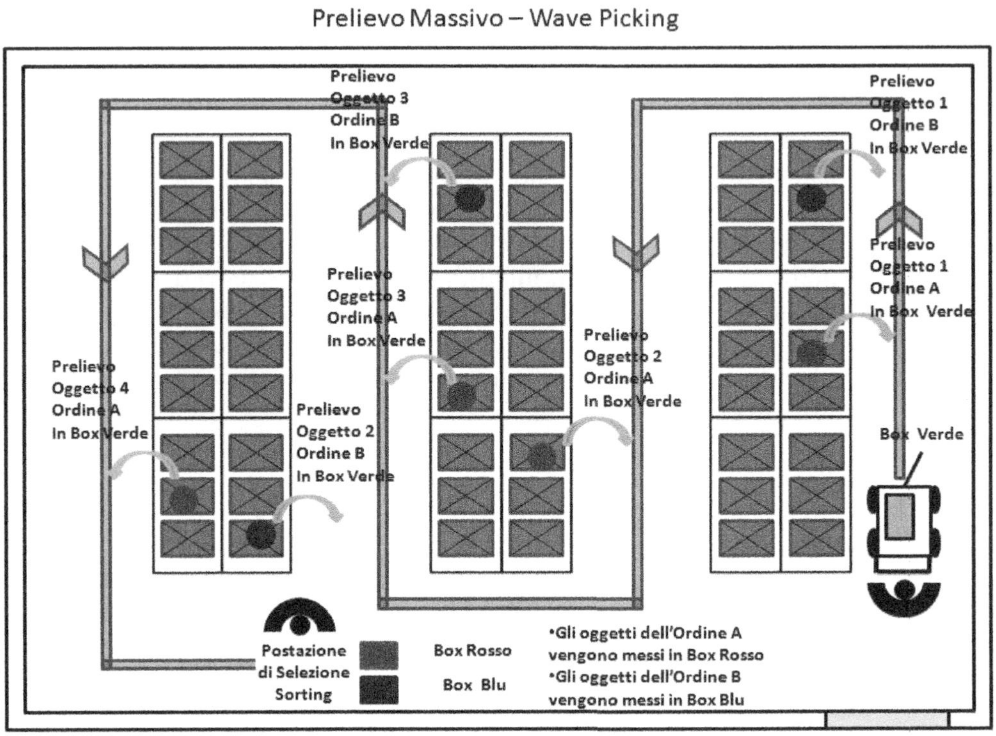

Figura 19: Prelievo massivo

Modalità Operativa - Esempio:

- Per ogni giro il picker preparerà due ordini (Ordine A e Ordine B)
- A ciascun cliente verrà inviata una scatola contenente tutti i prodotti ordinati (Box Rosso per il cliente A e Box Blu per il cliente B).
- Gli ordini per ciascun cliente sono identificati come "Ordine A" e "Ordine B".
- Il Picker ha nel documento di prelievo (picking list) la lista di prodotti (Oggetti) da prelevare (4 Oggetti per l'Ordine A e 3 Oggetti per l'Ordine B).
- Il picker passa attraverso i corridoi e quanto si trova di fronte alla locazione che contiene il prodotto da prelevare effettua il prelievo.

- Ogni prodotto prelevato sia per il cliente A che per il cliente B viene messo dentro un unico Box Verde.
- Alla fine del giro, il picker ha nell'unico Box Verde sia l'Ordine A che l'Ordine B.
- Gli articoli presenti all'interno del Box Verde verranno adesso smistati sui rispettivi Box. I prodotti appartenenti all'Ordine A verranno messi nel Box Rosso, mentre quelli appartenenti all'Ordine B verranno messi nel Box Blu.
- Dopo lo smistamento, ambedue i contenitori (Rosso e Blu) sono pronti per essere spediti al cliente.

6. PICK AND PASS

Questa modalità di prelievo è adatta in quei casi in cui il numero di referenze da prelevare è limitato, ciò che cambia è la numerosità degli articoli da prelevare per ogni riga d'ordine. Si tratta di una variante del prelievo base, solo che viene realizzata una zona apposita su cui vengono posizionati i prodotti da prelevare. Si permette all'operatore di girare attorno agli articoli prelevando di volta in volta in numero richiesto dal cliente. I punti di forza di questo modello sono da attribuirsi al fatto di avere il materiale da prelevare concentrato in un'area molto ristretta, quindi vengono minimizzati gli spostamenti o i metri percorsi dall'operatore per ogni prelievo. Il modello fornisce le sue massime prestazioni nel caso in cui gli ordini siano composti sempre dagli stessi articoli che variano in quantità e il magazzino debba gestire un altissimo numero di ordini al giorno.

Suggerimento operativo:

Per migliorare le prestazioni di prelievo in alcuni casi l'ordine cliente viene diviso in due parti, le quali daranno origine a due liste di prelievo separate: una prima lista di prelievo sarà composta da articoli di altissima rotazione e sarà inviata in un'area organizzata con il Pick and Pass; una seconda sarà composta da tutti gli altri articoli e verrà gestita per esempio con un prelievo base o un prelievo multiplo in un'altra parte di magazzino. Le due parti dello stesso ordine dovranno essere poi riunite per essere spedite in un'unica soluzione al cliente. Il vantaggio di questa strategia è la riduzione dei tempi di preparazione dell'ordine.

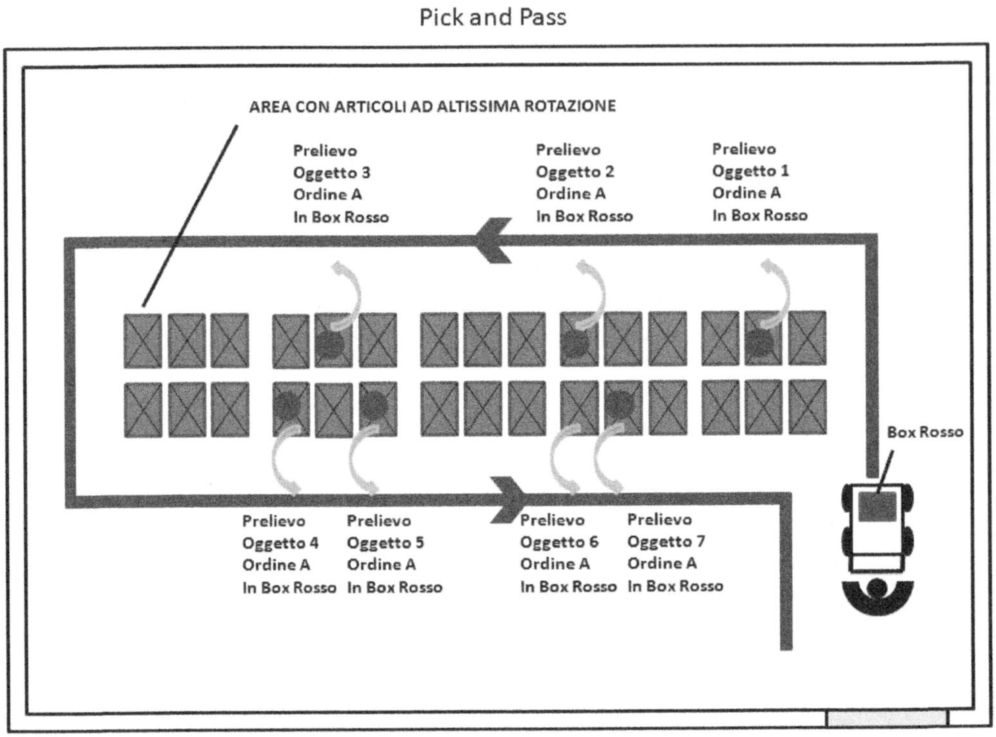

Figura 20: Prelievo Pick And Pass

Modalità Operativa - Esempio:

- Al cliente verrà inviata una scatola contenente tutti i prodotti ordinati (Box Rosso).
- L'ordine per il cliente è identificato come "Ordine A".
- Il Picker ha nel documento di prelievo (picking list) la lista di prodotti (Articoli) da prelevare (nell'esempio 4 articoli). N.B.: Tutti gli ordini saranno composti dagli stessi articoli che varieranno in quantità.
- Il picker gira attorno all'area in cui sono concentrati i prodotti da prelevare e, quanto si trova di fronte alla locazione che contiene il prodotto presente in picking list, effettua il prelievo.
- Ogni prodotto prelevato viene messo dentro il Box Rosso.
- Alla fine del giro, il picker ha completato l'ordine A e il Box Rosso è pronto per essere spedito al cliente.

7. PICK TO BELT

Il modello Pick To Belt viene utilizzato con i prodotti classificati come "autospedibili", ovvero confezionati in packaging adatti alla spedizione, senza che essi debbano essere riconfezionati o inseriti in altri packaging. Il prodotto messo su nastro viene etichettato e inviato in area di spedizione. Il modello viene utilizzato in magazzini caratterizzati da un altissimo numero di ordini composti da poche righe per ordine. Il Pick to Belt, spesso associato al picking a zone, rappresenta una soluzione ai magazzini di distribuzione per i negozi on line. La sua applicabilità dipende dal modo in cui sono confezionati gli articoli (che deve essere adatto al trasporto) e dalla possibilità di spedire al cliente la merce con più colli.

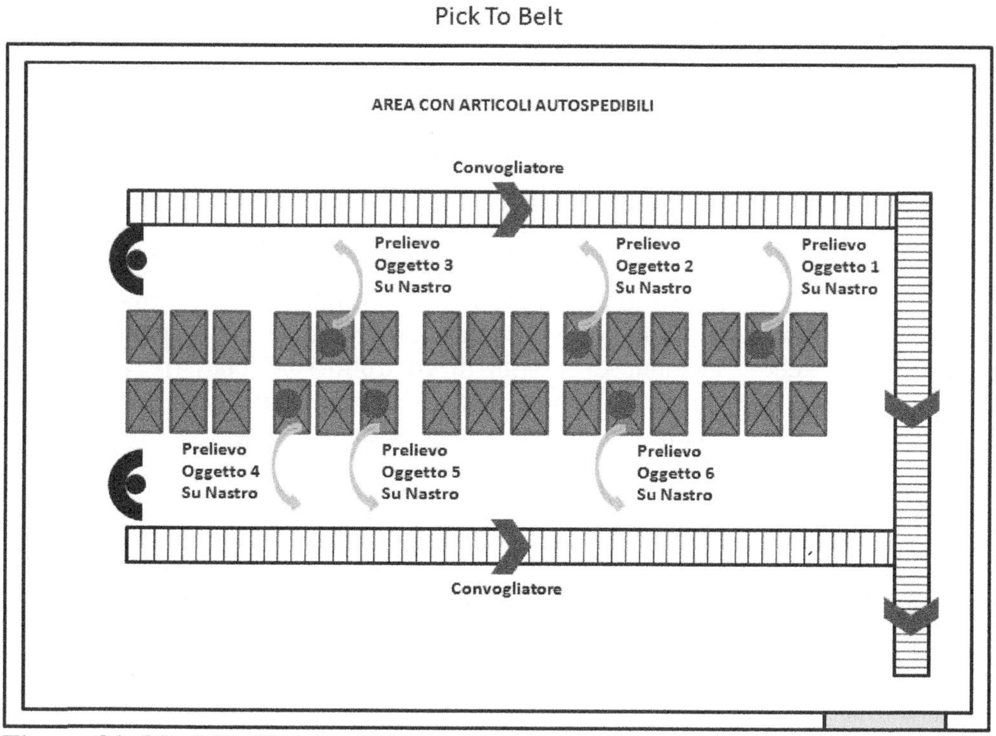

Figura 21: Modello Pick To Belt

Modalità Operativa - Esempio:

- Al cliente verrà inviato l'articolo da lui ordinato (l'ordine è composto da pochissime righe). L'articolo da spedire non necessita di confezioni supplementari in quanto può essere distribuito nella sua confezione originale. Se il cliente ordina più articoli, gli arriveranno più colli in un'unica spedizione.

- L'ordine per il cliente è identificato come "Ordine A".
- Il Picker ha la lista degli articoli da prelevare. Gli articoli prelevati possono appartenere a ordini differenti.
- Il Picker preleva l'articolo e lo deposita sul convogliatore (nastro)
- Il nastro porta l'articolo verso l'area di spedizione.
- Un'etichettatrice posta alla fine del convogliatore pone sul collo un'etichetta segnacollo su cui vengono riportati i dati relativi alla destinazione dell'articolo.
- L'articolo viene messo in area di spedizione.

8. CONCLUSIONI

La tabella seguente presenta la sintesi dei modelli di picking utilizzati. I parametri di confronto sono il numero di ordini gestibili e il numero di articoli da prelevare per ordine. Il sistema più semplice è il Basic Picking, facilmente implementabile il quale non richiede l'adozione di sistemi di controllo particolari (p.e. la doppia lettura di un codice a barre). Il sistema ad alte prestazioni può essere il Wave Picking, in cui è necessario un efficiente sistema di smistamento (sorting) a fine prelievo.

Modello di picking	**Numero Ordini Gestibili**	**Numero Prelievi per ordine**
Prelievo di Base – Basic Picking	Basso	Medio Basso
Prelievo Multiplo – Batch Picking	Medio	Basso
Prelievo a Zona – Zone Picking	Medio Alto	Medio Basso
Prelievo Massivo – Wave Picking	Alto	Alto
Prelievo Pick and Pass	Alto	Medio Basso
Prelievo Pick to Belt	Alto	Basso

Capitolo Sesto
6. Cenni di Gestione delle Scorte

Grado di difficoltà: ★★★ *Alto*

1. COME GESTIRE LE SCORTE

Come già discusso in precedenza mantenere in azienda una determinata quantità di merce in forma di stock comporta dei costi. La merce più rimane in magazzino e più si può deteriorare, può diventare obsoleta, può essere trafugata o può essere danneggiata. Alla merce stoccata si deve attribuire un costo che verrà identificato come costo di possesso (lo chiameremo fattore K). La situazione ottimale sarebbe quella di acquistare merce sono nel momento in cui vi è veramente la necessità.

La filosofia produttiva orientale, nata negli anni '80 in Toyota, ha sottolineato proprio questa esigenza coniando un termine che tradotto è divenuto "Just in Time", il quale si inserisce in un modo di pensare più ampio basato sull'eliminazione degli sprechi in azienda e sul miglioramento continuo (Kai Zen). Il "Just in Time" vorrebbe magazzini con zero scorte e acquisti solo nel momento in cui vi è domanda. Naturalmente questo è in molti casi un atteggiamento ipotetico. Il suggerimento che si deve trarre è però quello di limitare al massimo la quantità (e il valore) di merce stoccata in un magazzino.

Questo comporta dall'altro lato dei problemi legati a frequenti acquisti. Anche in questa situazione devono essere messi in evidenza i costi legati all'approvvigionamento. Maggiore è il numero di acquisti e maggiore è il tempo dedicato dall'ufficio acquisti a preparare e inviare l'ordine, ma soprattutto minore è la possibilità di avere sconti legati alle quantità ordinate. Chiunque infatti cerca di incentivare la vendita di grandi quantità attraverso l'offerta di particolari sconti (economie di scala). A questo punto si deve riconoscere che nella corretta gestione dell'azienda si deve valutare il costo di approvvigionamento o di acquisto (lo chiameremo fattore R).

In sintesi: se acquistiamo frequentemente quantità limitate, minimizziamo il costo legato al possesso della merce (fattore K), ma siamo obbligati a occupare l'ufficio acquisti per più tempo con l'emissione di numerosi ordini, il che aumenta il costo di approvvigionamento (fattore R).

L'obiettivo sarà quello di giungere a un compromesso tale da potere permettere di lavorare con i rispettivi valori minimi di K e di R.

Esempio:

Calcolo del costo per riga di ordine (Fattore R).

Costo annuo dell'ufficio acquisti (risorse umane)	220.000 €
Costo annuo per la gestione dell'ufficio acquisti (affitto, attrezzature, consumabili, etc)	179.000 €
Costi annui per il ricevimento della merce	24.000 €
Costo totale annuo per gli acquisti	**424.000 €**
Numero di ordini di acquisto creati per anno per scorta (stima)	10.000
Numero medio di righe d'ordine per ordine (stima)	8
Numero totale di righe d'ordine generate	**10.000 x 8 = 80.000**

$$\frac{Costo\ Totale\ Annuo\ per\ Acquisto}{Numero\ totale\ di\ righe\ generate} = Fattore\ R = \frac{424.000\ €}{80.000} = \frac{5,30€}{Ordine}$$

2. GESTIONE DELLE SCORTE

Quando la domanda per il prodotto che è presente a magazzino non è prevedibile o lo è in parte, ma comunque dipende da fattori esterni su cui l'azienda non ha il controllo diretto, allora si parla di domanda indipendente. La domanda indipendente è influenzata dalle condizioni del mercato e impone le condizioni di avere il giusto articolo nella giusta quantità..

La domanda dipendente invece si riferisce ad altre condizioni. Quando l'azienda costruisce o assembla un prodotti finito; il fabbisogno di materie prime, semilavorati o componenti è allora dipendente dal prodotto finale. In altre parole non vi è il bisogno di un componente se non esiste un prodotto finito che lo richieda.

Solitamente quando si ha a che fare con una domanda indipendente si parla di tecniche di rifornimento (replenishment), mentre con una domanda dipendente di parla di fabbisogno (requirement). Nelle sezioni successive verranno illustrati alcuni semplici modelli di gestione delle scorte.

RIFORNIMENTO A PUNTO DI RIORDINO

Prima di iniziare la spiegazione è necessario che l'azienda conosca i lead time di approvvigionamento (con lead time si intende il tempo che intercorre dal momento in cui si invia l'ordine al momento in cui la merce arriva in azienda ed diviene quindi disponibile) e la domanda (quanti pezzi/articoli vengono venduti mediamente ogni mese/settimana).

Suggerimento Operativo

Per ogni fornitore registrare i tempi di approvvigionamento (lead time), dal momento in cui viene spedito l'ordine al momento in cui la merce arriva in azienda. Si consiglia anche di rilevare il numero di consegne in tempo (sul previsto) rispetto al numero di consegne totali. Questo ultima cosa serve per misurare l'attendibilità del fornitore.

Per spiegare il sistema di approvvigionamento a punto di riordino si vuole prendere in considerazione un semplice esempio.

In un'azienda viene usato un componente particolare che è tenuto in un contenitore. Senza alcuna procedura di riordino, si prelevano al bisogno i pezzi dal contenitore fino al suo esaurimento. Quando il prodotto è esaurito si provvede all'ordine. Con l'esaurimento del prodotto si verifica la rottura dello stock (out of stock) situazione che non dovrebbe mai accadere dal momento che potrebbe creare dei ritardi. In tale situazione, infatti, tutte le attività che per procedere hanno bisogno di quel componente devono essere messe in attesa fino a che il componente viene portato dal fornitore (attesa lunga tanto quanto un lead time di approvvigionamento).

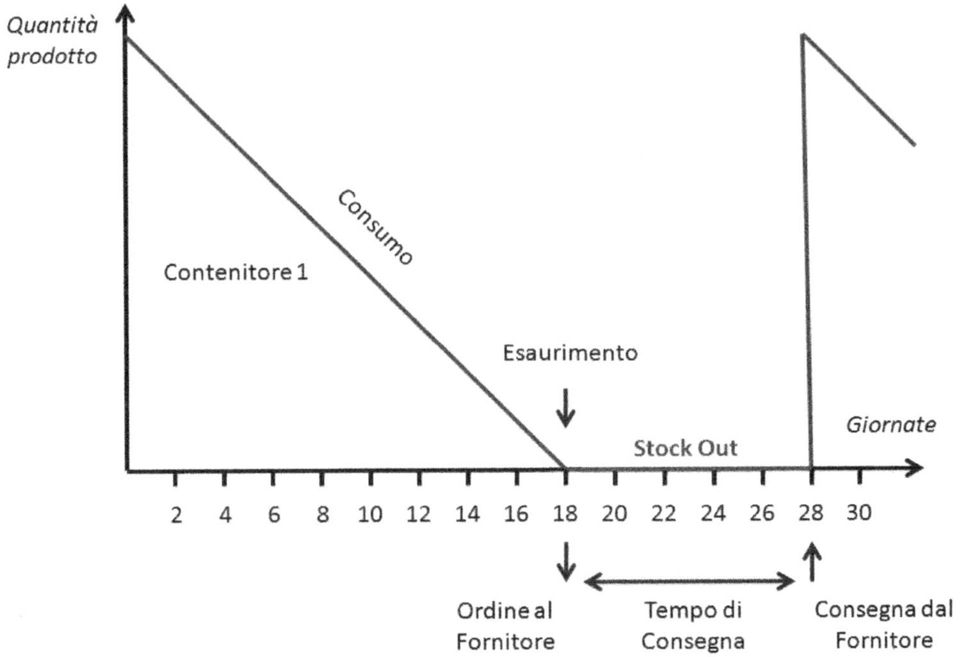

Figura 22: Andamento delle scorte a magazzino (relazione Quantità tempo)

Per evitare questa spiacevole situazione si può organizzare lo stock del componente invece che in un unico contenitore in due separati. Nel primo contenitore (n.1) si tiene la scorta di lavoro, mentre nel secondo (n.2) si tiene la riserva (funziona come il serbatoio di un'automobile). Si consumano i componenti contenuti nel contenitore della scorta di lavoro. Quando il contenitore 1 viene esaurito si passa al consumo dei componenti contenuti nel n.2, ma nello stesso momento si fa l'ordine. Nel contenitore n.2 si mettono tanti componenti quanti ne possono servire in un periodo di tempo pari al tempo di approvvigionamento.

Esempio:

Se vengono usati mediamente 20 pezzi al giorno e il tempo di approvvigionamento (lead time) è di 2 settimane (10 giorni lavorativi), allora nel contenitore 2 si mettono i pezzi necessari per potere lavorare 10 giorni lavorativi.

Riserva = Domanda Media x Lead Time =
= 20 pz/giorno x 10 giorni = 200 pezzi

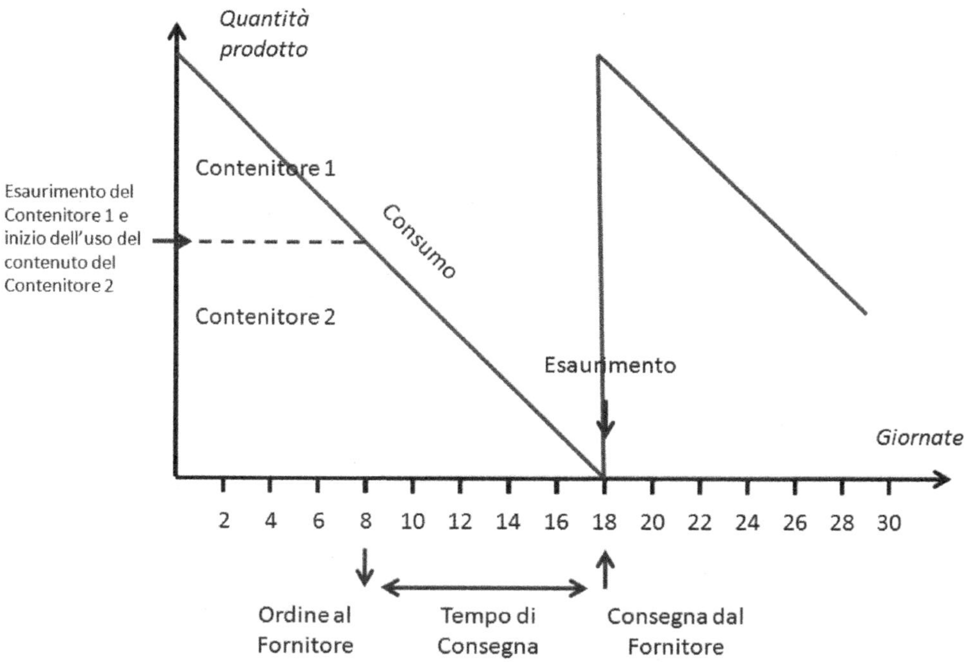

Figura 23: Andamento delle scorte con Punto di Riordino

Se tutto funziona alla perfezione nel momento in cui si usa l'ultimo pezzo del contenitore 2, arriva dal fornitore la merce che va a riempire sia il contenitore 2 che il contenitore 1. La perfezione significa che tutti i pezzi consegnati sono senza difetti (non ci sono scarti), che non vi sono ritardi di consegna, che la domanda prevista è rimasta costante (non sono stati usati più pezzi di quelli previsti). Nella realtà è difficile che tutte queste condizioni siano verificate.

Allora il sistema prevede l'inserimento di un nuovo contenitore (il n.3) che conterrà una quantità che viene chiamata scorta di sicurezza. Dal punto di vista operativo la scorta di sicurezza viene determinata nello specifico caso aziendale. Nell'esempio che si sta trattando si può fissare la scorta di sicurezza come il 50% della riserva. (Ci sono modelli matematici per la determinazione della scorta di sicurezza ma tali modelli non rientrano nella filosofia di questo libro).

L'esperienza maturata all'interno di ciascuna azienda può variare successivamente il livello di scorta di sicurezza. Il contenitore n.3 ha una quantità di merce che deve servire nei casi di urgenza, (p.e. con il contenitore n.2 vuoto e la fornitura non ancora arrivata) al fine di evitare di insoddisfare la domanda o bloccare o rallentare successive attività produttive.

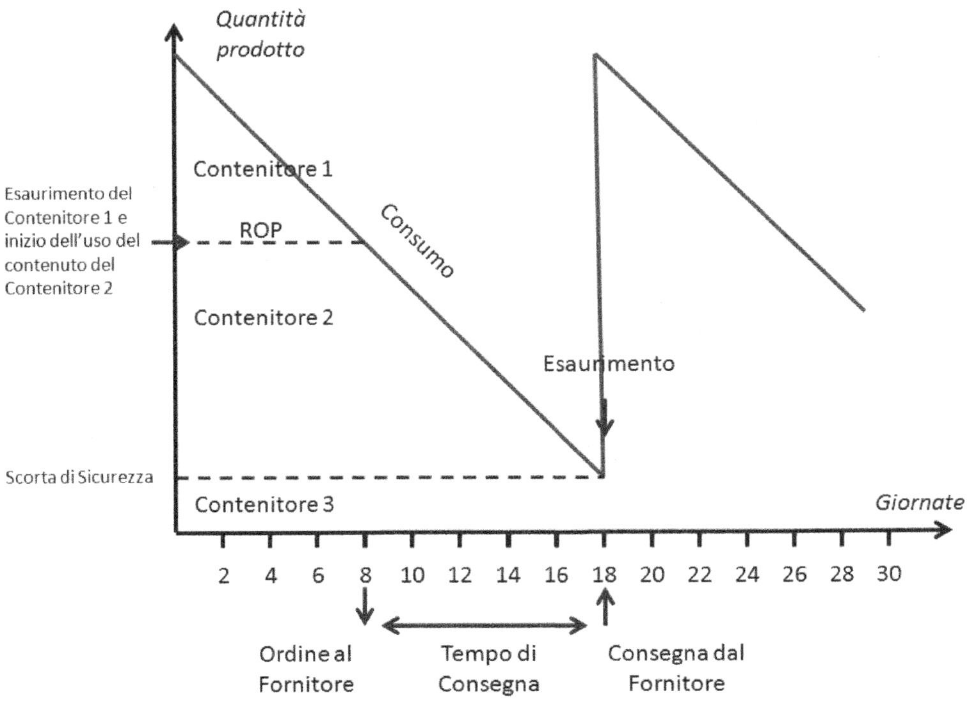

Figura 24: Andamento delle scorte con Scorta di Sicurezza

A questo punto si può definire il punto di riordino (ROP – Re-Order Point) come la somma del contenuto nel contenitore n.2 (riserva) e del contenitore n.3 (scorta di sicurezza).

ROP = Riserva + Scorta di Sicurezza =
= (Domanda Media x Lead Time) + Scorta di Sicurezza

Il punto di riordino rappresenta quella quantità raggiunta la quale devo emettere l'ordine al mio fornitore per evitare di esaurire la merce a magazzino (stock out)

Esempio:

Un'azienda vende 1.200 pezzi al mese di un determinato codice e il fornitore garantisce un lead time di 3 settimane.

Calcolo del ROP:

- Calcoliamo la vendita settimanale considerando un mese composto da 4 settimane:

Consumo settimanale = Consumo Mensile / 4 =
= 1.200 / 4 = 300 pezzi

Al momento supponiamo che nel contenitore n.1 (scorta di lavoro) mettiamo l'equivalente di 2 settimane = 600 pezzi (attenzione questa non è una regola, ma solo un'ipotesi per questo esempio)

- Calcoliamo la riserva (pezzi da mettere nel contenitore n.2):

Riserva = Domanda Media x Lead Time =
= 300 pezzi/sett. x 3 sett. = 900 pezzi

- Calcoliamo la scorta di sicurezza nell'ipotesi di tenere a scorta il 50% della riserva (pezzi da mettere nel contenitore n.3)

Scorta di Sicurezza = 50% della Riserva = 50% di 900 = 450

- Calcoliamo il ROP:

ROP = Riserva + Scorta di Sicurezza = 900 + 450 = 1350 pezzi

- A questo punto so che per gestire efficientemente il mio magazzino devo emettere un ordine al mio fornitore pari alla scorta di lavoro (600) più la scorta di riserva (600 + 900 = 1500 pezzi) quanto la quantità nel mio magazzino raggiunge il livello di 1350 pezzi.

Pezzi da ordinare = Scorta di lavoro + Scorta di Riserva =
= 600 + 900 = 1500 pezzi

Se il ROP è il livello minimo di scorta sotto il quale è consigliabile non andare, vi è anche un livello massimo che è bene controllare per non portare a magazzino troppa merce rispetto al necessario.

Vediamo come valutare il quantitativo massimo da portare in casa.

A questo punto è necessario comprendere se esiste una quantità che dà diritto a speciali economie. Determinata questa quantità, valutiamo quanti potrebbero essere gli ordini da fare.

Consideriamo gli acquisti fatti di un particolare prodotto da un definito fornitore in un anno (Totale Acquisti). Con un semplice rapporto calcoliamo quante volte potrei ordinare in un anno riuscendo ad avvalermi dello sconto.

$$\frac{52}{\frac{Totale\ Acquisti\ in\ un\ Anno}{Quantità\ Sconto}} = Tempo\ di\ Ciclo\ di\ Revisione\ [in\ settimane]$$

Il Tempo di Ciclo di Revisione mi esprime il periodo di tempo dopo il quale dovrei fare l'ordine per avere diritto allo sconto.

Se acquisto un totale di 200.000 pezzi di un particolare codice da un determinato fornitore e questo mi concede lo sconto per ordini superiori a 10.000 unità, allora dovrei fare 20 ordini all'anno (200.000/10.000), pari a uno ogni 2 settimane e mezza (52 settimane anno / 20 ordini anno). A questo punto calcoliamo il quantitativo massimo da tenere a magazzino:

Quantità massima di scorta =
= ROP + Quantità usata durante il Tempo di Ciclo di Revisione

Dove:

Quantità usata durante il Ciclo di Revisione =
= Domanda Media x Tempo di Ciclo di Revisione

Facendo riferimento all'esempio descritto in precedenza, la domanda media era di 300 pezzi/sett. e il Tempo di ciclo di revisione è di 2,5 (due settimane e mezza), allora

Quantità usata durante il Ciclo di Revisione =
= 300 pezzi/sett x 2,5 = 750 pezzi

Quindi:

Quantità massima di scorta =
= ROP + Quantità usata durante il Tempo di Ciclo di Revisione =
= 1350 + 750 = 2100 pezzi

3. IL LOTTO ECONOMICO

Nel 1915 F.W. Harris della General Electric ha sviluppato la formula del Lotto Economico (EOQ – Economic Order Quantity) per aiutare i responsabili dei magazzini e i buyers a determinare la giusta quantità di prodotto da acquistare.

Per calcolare l'EOQ si devono conoscere:

- C = che rappresenta la domanda totale di SKU per anno;
- i = tasso di mantenimento della merce in magazzino;
- A = i costi di approvvigionamento;
- P = il prezzo per ogni unità di SKU.

La formula base del lotto economico (quantità ottimale di prodotto da acquistare) è:

$$EOQ = \sqrt{\frac{2CA}{Pi}}$$

La validità di questa formula è però legata ad alcune ipotesi che per conoscenza di seguito riporteremo:

- La domanda di prodotti è costante, ricorrente e conosciuta;
- Il prezzo non è dipendente dalla quantità ordinata;
- Il lead time di approvvigionamento è cotante e conosciuto;
- L'ordine arriva in un singolo lotto (non sono considerati gli stock out del fornitore).

Dal momento che le ipotesi non descrivono il mondo reale, il modello matematico è stato via via elaborato, ma non è lo scopo di questo libro entrare nel dettaglio del modello. Si consiglia per questo scopo la lettura di testi sulla Gestione Delle Scorte.

4. MRP – MATERIAL REQUIREMENT PLANNING

Lo scopo del Material Requirement planning (MRP) è quello di fornire un controllo non solo su quali prodotti sono stati acquistati o in quale quantità, ma anche di monitorare il loro arrivo in azienda. Questo concetto del giusto prodotto, nella giusta quantità nel giusto momento è stato introdotto nel 1975 da Joseph Orlicky.

La domanda indipendente nella gestione delle scorte è guidata dal cliente e dal suo fabbisogno. L'obiettivo del calcolo del ROP è quello di aumentare il livello di servizio al cliente tenendo bassi i costi operativi. I sistemi con domanda dipendente, invece, sono comandati dalla produzione. L'obiettivo di un sistema che gestisce la domanda dipendente è quello di essere di supporto alla programmazione della produzione (come viene definito Master Production Schedule).

Gli elementi del MRP

I concetti chiave di un MRP da comprendere sono Il Master Production Schedule e la Distinta base.

Il Master production Schedule definisce ciò che deve essere prodotto, quando e in che quantità. La previsione può essere sul lungo o sul medio periodo.

Per quanto riguarda il breve periodo deve essere pianificato:

- Il fabbisogno di prodotti finiti;
- La programmazione della produzione di semilavorati o componenti;
- Avviare gli ordini di prodotti da approvvigionarsi;
- Valutazioni sulla capacità produttiva.

Per quanto riguarda il lungo periodo, vengono valutati:

- la capacità produttiva
- la capacità di stoccaggio dei magazzini
- la capacità operativa (uomini e macchine – risorse)
- il fabbisogno finanziario.

DISTINTA BASE

La Distinta Base è l'esplosione di tutti i componenti che costituiscono un prodotto finito. La distinta base in altre parole è una documentazione tecnica che sotto forma di elenco definisce l'insieme di elementi e sottoassiemi che formano un prodotto e rappresenta il documento di base per tutti i fabbisogni informativi relativi ai prodotti. Le informazioni fondamentali che sono raccolte sono:

- i codici dei componenti che costituiscono un prodotto finito

- in che relazione sono legati (sottoassiemi) tra di loro (si parla di codice padre come di quel codice che è formato da una serie di altri codici detti figli – se manca un codice figlio, non può essere realizzato il codice padre).

- i coefficienti di utilizzo di ciascun codice presente, ovvero il numero di pezzi che mi servono per dare origine al codice padre.

Esempio:

Uno sgabello (prodotto finito mod. AP1072) è formato da una seduta in legno, da tre gambe in legno. Ciascuna gamba è fissata alla seduta da due viti e all'estremità di ogni gamba è posizionato un cappuccio di gomma quale sistema antiscivolo dello sgabello.

Questa descrizione può essere realizzata sotto forma di rappresentazione ad albero o in una matrice. La rappresentazione ad albero, anche se più intuitiva, viene usata solo per scopi didattici.

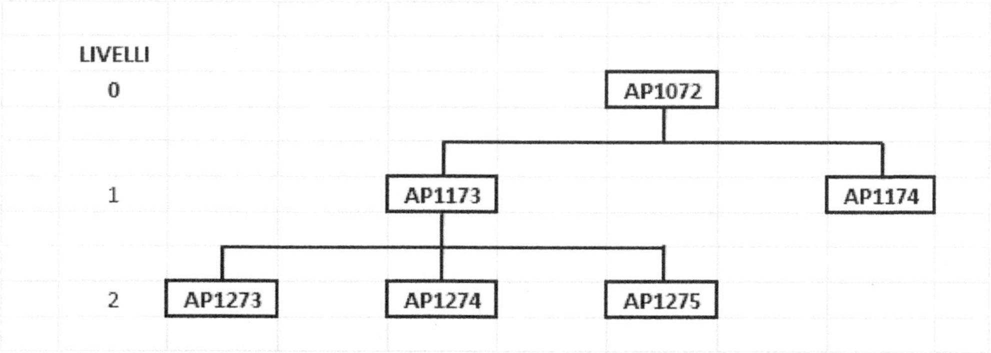

Figura 25:Distinta base con rappresentazione ad albero

Nei sistemi informativi il formato più comunemente usato è quello a matrice (tabella) riportato di seguito a cui vengono aggiunte ulteriori informazioni relative ai tempi di produzione, assemblaggio o approvvigionamento.

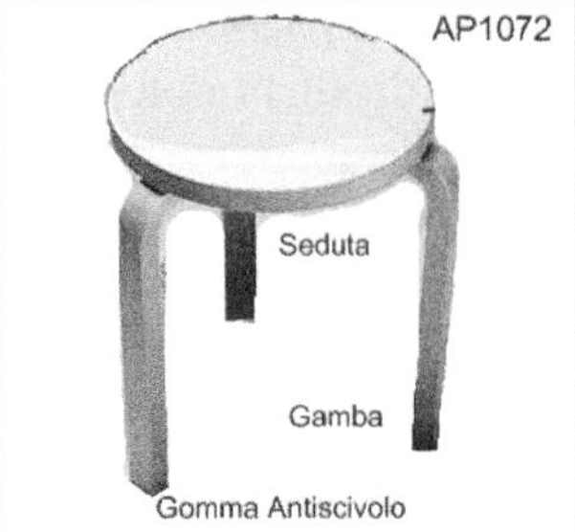

Codice	Livello	Coeff. Uso	Cod. Padre	Descrizione
AP1072	0	1		Sgabello
AP1173	1	1	AP1072	Kit Gambe
AP1174	1	1	AP1073	Seduta
AP1273	2	3	AP1173	Gamba
AP1274	2	6	AP1173	Viti sostegno
AP1275	2	3	AP1173	Gomma Antiscivolo

La descrizione a matrice può essere codificata in un sistema informativo e quindi gestita da computer per successivi calcoli.

I sistemi MRP consentono di avere sempre sotto controllo alcuni elementi importanti:

- Il fabbisogno lordo di un codice: ovvero tutto ciò che mi serve ma non è detto che io debba produrre o ordinare dal momento che alcuni prodotti potrei averli già pronti a magazzino.
- Le consegne attese: sono ordini già emessi, il materiale non è ancora disponibile a magazzino, ma si sa da quale momento esso sarà disponibile.
- Il magazzino disponibile: si tratta di ciò che fisicamente è presente nel magazzino ed è pronto per essere utilizzato.
- Il fabbisogno netto: rappresenta invece quella quantità di materiale che devo ordinare o devo realizzare, in quanto non è presente a magazzino e non fa parte di un ordine pianificato.

Esempio:

Vediamo con un esempio semplice che si riferisce alla distinta base riportata precedentemente, la compilazione e l'uso di un semplice sistema MRP. Dello sgabello, per semplicità, prenderemo in considerazione solo il livello 0 e il livello 1, quindi i codici AP1072 (sgabello finito) – AP1173 (kit gambe) – AP1174 (seduta).

La richiesta è di consegnare 10 codici AP1072 al settimo giorno (si vedano le tabelle con le indicazioni riportate di seguito). I dati sono:

- In magazzino sono presenti 2 pezzi di AP1072.

- Per assemblare fino a 50 pezzi di AP1072 è necessario un giorno.

Nella tabella relativa al codice AP1072 sulla colonna corrispondente al settimo giorno e sulla riga corrispondente al fabbisogno lordo, viene indicato il numero 10 (pezzi da consegnare). Non sarà necessario fabbricare tutti i 10 pezzi perché fin dal momento presente in magazzino vi sono 2 pezzi (vedere la riga relativa al magazzino disponibile).

Non essendoci consegne previste di pezzi finiti (lavorazioni fatte da terzisti), dovremmo realizzare solo 8 pezzi (10 sono i pezzi richiesti, 2 sono i pezzi pronti in magazzino, quindi il fabbisogno netto è pari a 8). Dal momento che gli 8 pezzi devono essere pronti per il settimo giorno e ci vuole un giorno per assemblarli, l'ordine di produzione deve essere fatto un giorno prima (quindi il giorno 6 – vedasi il valore 8 nella riga Ordini pianificati e nella colonna 6).

Se il giorno 6 parte l'ordine di produzione per l'assemblaggio del codice AP1072, allora nello stesso giorno devo avere a disposizione i componenti per realizzarlo. Questo significa che sia per il codice AP1173 che per il codice AP1174 avrò un fabbisogno lordo di 8 pezzi il sesto giorno.

AP1072								
Periodo	0	1	2	3	4	5	6	7
Fabbisogno lordo								10
Consegne attese								
Magazzino disponibile	2	2	2	2	2	2	2	2
Fabbisogni netti								8
Ordini pianificati							8	

Figura 26: Piano del fabbisogno per l'articolo AP1072

Relativamente al codice AP1173 potremmo aggiungere delle nuove ipotesi:

- Tempo di Approvvigionamento di AP1173 pari a 3 giorni (si suppone l'assemblaggio del kit fatto esternamente).
- A magazzino non ci sono pezzi.
- Il terzo giorno è prevista la consegna di cinque pezzi di AP1173.

Se il terzo giorno è prevista la consegna di 5 pezzi, questi saranno caricati (questa non è una regola reale ma solo una condizione per la soluzione di questo esempio) a magazzino il giorno dopo l'arrivo. Dal giorno 4 a magazzino si avrà la presenza del codice AP1173 in quantità pari a 5 pezzi. Il giorno 6 ne servono 8 per cui ne rimangono da ordinare altri 3 (Fabbisogno netto). Il nostro fornitore dall'ordine impiega 3 giorni per la consegna, per cui l'ordine al fornitore deve essere fatto 3 giorni prima del giorno 6 (giorno in cui ci servono). Il giorno 3 verrà pianificato l'ordine per la consegna al giorno 6 di 3 pezzi di AP1173.

AP1173								
Periodo	0	1	2	3	4	5	6	7
Fabbisogno lordo							8	
Consegne attese				5				
Magazzino disponibile	0	0	0	0	5	5	5	5
Fabbisogni netti							3	
Ordini pianificati				3				

Figura 27: Piano del fabbisogno per l'articolo AP1173

Relativamente al codice AP1174 potremmo aggiungere delle nuove ipotesi:

- Tempo di Approvvigionamento di AP1174 pari a 2 giorni.
- A magazzino c'è un pezzo di AP1174.
- Il secondo giorno e il quarto giorno sono previste le consegna di rispettivamente tre pezzi e due pezzi di AP1174.

Il fabbisogno lordo del codice AP1174 è di 8 pezzi per il giorno 6. A magazzino c'è un solo pezzo, ma sono previste due consegne: la prima il giorno 2 di 3 pezzi e il giorno 4 la consegna di 2 pezzi. Dal giorno 5 a magazzino avremmo quindi 6 pezzi a disposizione. A noi servono 8 pezzi il giorno 6 per cui il nostro fabbisogno netto sarà di 2 pezzi. Se dall'ordine alla consegna della seduta (AP1174) sono necessari 2 giorni allora dovremmo pianificare l'ordine il giorno 4 di 2 pezzi di AP1174.

AP1174								
Periodo	0	1	2	3	4	5	6	7
Fabbisogno lordo							8	
Consegne attese			3		2			
Magazzino disponibile	1	1	1	4	4	6	6	0
Fabbisogni netti							2	
Ordini pianificati					2			

Figura 28: Piano del fabbisogno per l'articolo AP1174

Quale è il significato di queste elaborazioni? In questo modo siamo in grado di sapere:

- Cosa ordinare
- Quanto ordinare
- Quando ordinare

Di seguito la tabella riassuntiva:

Consegna 10 pz il giorno 7

AP1072								
Periodo	0	1	2	3	4	5	6	7
Fabbisogno lordo								10
Consegne attese								
Magazzino disponibile	2	2	2	2	2	2	2	2
Fabbisogni netti								8
Ordini pianificati							8	

In magazzino sono presenti 2 pz

Pezzi da fare

Se i pezzi devono essere fatti per il giorno 7 ed è necessario 1 giorno di produzione, allore l'ordine fa fatto il giorno 6

Per fare 8 pz di AP1072 si devono assemblare 8 pz di AP1173 e AP1174

AP1173								
Periodo	0	1	2	3	4	5	6	7
Fabbisogno lordo							8	
Consegne attese				5				
Magazzino disponibile	0	0	0	0	5	5	5	5
Fabbisogni netti							3	
Ordini pianificati				3				

Consegna di 5 pz il giorno 3

La consegna va a magazzino

Pezzi da fare

Per avere i pz 3 pz di AP1173 il giorno 6 bisogna ordinarli il giorno 3 (LT = 3 giorni)

AP1174								
Periodo	0	1	2	3	4	5	6	7
Fabbisogno lordo							8	
Consegne attese			3		2			
Magazzino disponibile	1	1	1	4	4	6	6	0
Fabbisogni netti							2	
Ordini pianificati					2			

Consegne di 3 pz il giorno 2 e di 2 pz il giorno 4

Pezzi da fare

Se 2 pz devono essere pronti per il giorno 6 bisogna ordinarli il giorno 4 (LT = 2 giorni)

Figura 29: Tabella riassuntiva del fabbisogno

I moderni sistemi informativi aziendali prevedono l'esistenza del MRP. Lo scopo di questo capitolo è stato quello di fare comprendere il loro meccanismo. È comunque improponibile fare sulla carta le analisi riportate nell'esempio soprattutto in presenza di numerosi codici prodotto finito e in presenza di distinte base molto complesse.

5. JUST IN TIME

Il Just In Time è stato sviluppato all'interno degli stabilimenti Toyota nei primi anni '70 con l'obiettivo di rispondere alla domanda del mercato nel modo più rapido. Nella sua forma originale il JIT si riferisce alla produzione di beni, all'assemblaggio e al sub assemblaggio di parti in modo da incontrare esattamente la domanda in termini di quantità, qualità e tempo. Il JIT va oltre l'MRP e mira a gestire e controllare gli approvvigionamenti in modo da avere la quantità che serve solo nel momento in cui serve e nella quantità che serve. Il prodotto deve arrivare nel momento giusto, ma soprattutto quando è necessaria, non un momento prima e non un momento dopo.

L'American Production and Inventory Control Society (APICS) ha dato la seguente definizione:

... una filosofia di produzione basata sull'eliminazione di tutti gli sprechi e sul miglioramento continuo della produttività. Tale filosofia prende in considerazione l'intero ciclo produttivo, dalla progettazione, all'approvvigionamento alla produzione. Alcuni aspetti necessari per realizzare il JIT sono: riuscire ad avere a magazzino solo ciò che è necessario e quando è necessario; lavorare con prodotti e componenti a difettosità nulla; controllare i tempi in modo da eliminare tutti quelli improduttivi; ridurre al minimo quantitativo i lotti.

Per riuscire a raggiungere un buon livello di JIT è comunque necessario:

- Integrare tutte le attività produttive. In tempo reale è necessario conoscere ciò che è in produzione e ciò che è stato prodotto.

- I cambi di produzione devono essere veloci.

- Tutta l'azienda deve essere coordinata secondo comuni obiettivi condivisi.

- Le informazioni devono fluire sia internamente che esternamente all'azienda, verso i clienti e verso i fornitori.

- I fornitori devono essere coinvolti nel progetto, devono rispondere nel più breve tempo possibile e con massima flessibilità, oltre che fornire prodotti a zero difetti.

- Tutti gli addetti devono essere orientati a migliorare continuamente i processi produttivi e la struttura organizzativa.

Le condizioni necessarie per gestire un rapporto in Just in Time sono:

- Rapporti consolidati con i fornitori, basati sul medio lungo termine. Il rapporto con il fornitore non deve essere basato sulla speculazione o sulla ricerca del prezzo più basso.

- Fiducia nei confronti dei prodotti forniti (si parla di free-pass quando il prodotto che arriva non subisce controllo di qualità in quanto si da per scontato che sia di qualità – il controllo è fatto nel momento della spedizione).

- Fornitori situati geograficamente in posizioni non lontane. La fornitura deve avere infatti tempi estremamente limitati, si potrebbe definire di qualche ora.

Suggerimento operativo:

Creare una lista dei propri fornitori.

- Considerare quei fornitori strategici, i quali sono in grado di determinare direttamente la qualità dei vostri prodotti.

- Sulla base dei requisiti precedentemente elencati, valutare fornitore per fornitore quale potrebbe essere coinvolto in un progetto di Just in Time.

- Definire un incontro con il fornitore per comprendere la fattibilità del progetto.

6. BACKFLUSHING

Il sistema chiamato di backflush è indicato per ridurre ridondanti procedure di inserimento dati nel sistema informativo. Esso serve per mantenere aggiornato il livello di stock dei prodotti o dei componenti all'interno del magazzino.

Tradizionalmente la gestione del magazzino prevede che ogni volta che viene prelevato da una locazione un materiale, esso sia tracciato, ovvero il movimento (il prelievo in questo caso) deve essere registrato. Se nell'azienda si gestiscono numerosissimi prelievi per la produzione di un prodotto finito, allora registrare ogni prelievo potrebbe costituire una perdita di tempo.

Il sistema che potrebbe ridurre il numero di registrazione è il backflush e rappresenta la registrazione dei componenti prelevati solo nel momento in cui il prodotto è stato realizzato. In tale situazione l'unica registrazione avverrebbe solo a fine produzione. Il sistema informativo esploderebbe i componenti e provvederebbe ad aggiornare le giacenze a magazzino.

Esempio:

Si vuole assemblare il codice AB001 di cui si riporta la distinta base:

Codice		Livello	Coeff. Utilizzo
AB001		0	1
	AB001_1	1	1
	AB001_2	1	3
	AB001_3	1	2

Figura 30: Esempio di distinta base

Di seguito vengono descritte le azioni nel caso si stesse lavorando con un sistema di gestione tradizionale, dove gli aggiornamenti di magazzino vengono effettuati dopo ogni azione.

Il pratica si preleva il primo componente (AB001_1) nella quantità specificata da codice di utilizzo (1), si dichiara (per esempio attraverso la lettura di un codice a barre) l'avvenuto prelievo e quindi il sistema informativo aggiorna la giacenza diminuendola di una unità. Poi si preleva il secondo componente (AB001_2) nella quantità specificata da codice di utilizzo (3), si dichiara l'avvenuto prelievo e quindi anche in questo caso il sistema informativo aggiorna la giacenza diminuendola di tre unità. Infine, si preleva il terzo componente (AB001_2) nella quantità specificata da codice di utilizzo (2), si dichiara l'avvenuto prelievo e il sistema informativo aggiorna la giacenza diminuendola di due unità. A questo punto si assembla il codice padre AB001

	Azioni	Codice	Unità prelevate	Aggiornamento del sistema informativo
1	Prelievo	AB001_1	1	
2	Registrazione codice prelevato			Giacenza AB001_1 - 1 unità
3	Prelievo	AB001_2	3	
4	Registrazione codice prelevato			Giacenza AB001_2 - 3 unità
5	Prelievo	AB001_3	2	
6	Registrazione codice prelevato			Giacenza AB001_3 - 2 unità
7	Assemblaggio			

Figura 31: Aggiornamento del magazzino con sistema tradizionale

Nella gestione a backflush, invece, vengono prelevati tutti i componenti nella loro corrispondente quantità prestabilita da distinta base; si assemblano per dare origine al prodotto AB001 e solo a questo punto si fa la registrazione del pezzo terminato. Il sistema informativo, solo in questo momento, procede ad analizzare la distinta base e per ogni codice figlio di AB001 aggiorna le giacenze a magazzino.

	Azioni	Codice	Unità prelevate	Aggiornamento del sistema informativo
1	Prelievo	AB001_1	1	
2	Prelievo	AB001_2	3	
3	Prelievo	AB001_3	2	
4	Assemblaggio			
5	Registrazione codice terminato			Giacenza AB001_1 - 1 unità
				Giacenza AB001_2 - 3 unità
				Giacenza AB001_3 - 2 unità

Figura 32: Aggiornamento con Backflush

Se la procedura di backflush può indubbiamente diminuire il fabbisogno di inserimento dati e registrazioni, essa ha comunque delle criticità e può essere utilizzata solo in alcune situazioni.

Il primo aspetto è che può essere applicata solo quando gli operatori addetti alla produzione sono in grado di conteggiare precisamente il numero di pezzi realizzati e di gestire la registrazione nel sistema informativo. Se un'azienda ha un turnover molto alto in produzione e bassi livelli di competenze informatiche, potrebbe essere rischioso affidare tali procedure di registrazione a queste persone.

Un altro problema è rappresentato dalla gestione delle rilavorazioni. Se si dichiara che un pezzo è terminato, allora si aggiornano le corrispondenti giacenze di magazzino. Ma se il pezzo non passa il controllo di qualità e deve essere rilavorato, allora non può essere inserito nel ciclo produttivo perché altrimenti genererebbe un prelievo maggiore rispetto alla realtà. Un altro problema è la presenza di scarti tra i componenti.

Con il sistema tradizionale quando si rileva lo scarto, viene aggiornata la giacenza ed eliminato il componente. Il backflushing non prevede la possibilità di fare tale aggiornamento, di conseguenza tale modello può essere usato quando la percentuale di componenti difettosi è estremamente limitata. Infine, questo è un punto di debolezza molto importante, tale sistema va bene quanto il ciclo produttivo è molto corto, preferibilmente inferiore alla giornata. Se ciò non avvenisse, il sistema informativo di magazzino non descriverebbe la corretta giacenza con il rischio di trovarsi senza componenti (stock out). Si conclude dicendo che il sistema a backflush se da un lato permette di ridurre notevolmente il ricorso a registrazioni informative, dall'altro la sua applicazione necessita di un'approfondita analisi.

7. CONSIGNMENT STOCK

Se un'azienda vuole delegare a qualcun altro la responsabilità della gestione delle scorte, può optare per realizzare un consignment stock. Tale tecnica rappresenta una delle possibilità che le aziende possono adottare nell'ottica della collaborazione con i propri fornitori. L'azienda cliente che si trova in una posizione più a valle, detiene presso i suoi magazzini il prodotto finito del fornitore e lo utilizza compatibilmente alle sue necessità produttive.

Il materiale viene formalmente acquistato solo al momento dell'utilizzo. Questa pratica viene molto utilizzata in Italia sia da imprese di piccole che di più grandi dimensioni e consente di dare una risposta flessibile agli obiettivi della funzione acquisti in termini di adeguata qualità del prodotto, giusta quantità, nel rispetto del più breve tempo di consegna e nel posto in cui è necessaria; servizio e giusto prezzo sia nel breve sia nel lungo termine sono altre condizioni irrinunciabili. Nell'accordo di consignment stock la relazione acquirente-fornitore si basa su semplici regole:

- Il fornitore garantisce all'azienda acquirente la continuità e la disponibilità della fornitura ad un livello che consenta una produttività senza interruzioni;
- L'azienda utilizza il materiale prelevando quotidianamente quanto necessario sulla base delle sue esigenze di pianificazione della produzione. La merce sarà pagata solo al momento del consumo di cui il fornitore sarà informato in tempo reale.

La continuità dell'approvvigionamento che ricade sul fornitore, protegge il cliente dalle fluttuazioni della domanda e dai costi di stock-out. La responsabilità per possibili stock-out si traduce in penali per il fornitore. L'accordo di consignment stock si basa quindi formalmente su un contratto tra aziende nel quale vengono delineati i caratteri operativi dell'accordo, la qualità del materiale oggetto del contratto e i limiti minimo e massimo di scorta che il fornitore deve osservare. Se molte sembrano essere le responsabilità del fornitore, è necessario considerare che attraverso il trasferimento continuo di informazioni che generano dai dati di consumo del cliente, egli ha una visione completa ed accurata dei fabbisogni del consumatore finale; può così organizzare e programmare la sua produzione sulla base dell'evoluzione della domanda di mercato.

Tra l'altro egli sostiene minori costi di gestione e movimentazione del prodotto finito presso il suo magazzino.
Alcuni benefici sono immediatamente evidenti:

- l'azienda ha la continua disponibilità di materie prime;
- l'azienda paga per il consumo solo nel momento in cui preleva e non paga, come in un tradizionale rapporto di fornitura, solo per la disponibilità della merce presso la sua struttura;
- il fornitore risparmia in costi di magazzino e può organizzare in modo diverso la produzione incontrando i vantaggi della flessibilità;
- tra le aziende si instaura una relazione rinnovata e rinforzata.

Il consignment stock prevede che siano definite in maniera accurata le condizioni dell'accordo.

Capitolo Settimo
7. Elementi di Base del Codice a Barre

Grado di difficoltà: ★★☆ *Medio*

1. I CODICI A BARRE

La velocità crescente delle attività di magazzino e il tempo come risorsa critica spingono a eliminare le attività fatte a mano o con il supporto della carta per orientarsi verso procedure gestite da sistemi informatizzati.

Siamo in un'epoca in cui meno interviene l'aspetto umano e maggiore è la precisione (assenza di errori) delle attività. La ottima sinergia tra la macchina e l'uomo viene chiamata nella filosofia orientale Jidoka.

Per comprendere questo fenomeno è utile comparare alcune processi di inserimento dati: manuale, tramite OCR (Optical Character Reading - un sistema in grado di leggere un informazione scritta in chiaro e trasformarla in informazione digitale), Codice a barre.

Tipo lettura	Manuale	OCR	Codice a barre
Velocità	6 sec	4 sec	da 0,3 a 2 sec
Errori	1 carattere errato ogni 300 caratteri inseriti	1 carattere errato ogni 10.000 caratteri inseriti	1 carattere errato ogni 15.000 caratteri inseriti (stima pessimistica)

Tabella 1 : Confronto tra diversi sistemi di lettura

Il codice a barre è un sistema di identificazione automatica che funziona attraverso la proiezione e la riflessione di una luce su un supporto stampato. L'alternanza di barre nere e bianche trasferisce al sistema di lettura un'informazione digitale.

Un sistema a codice a barre è formato da: il codice, il lettore, la stampante.

Una stampante provvede a stampare un'etichetta dove viene riproposta la sequenza di barre bianche e nere. Il lettore è in grado di tradurre l'informazione stampata in un messaggio informatico che viene gestito da un sistema informativo.

I formati che rappresentano il codice sono numerosi. Tra i più usati vi è l'UPC (Universal Product Code) e l'EAN (European Article Numbering System). Sono due codici che vengono usati nella distribuzione organizzata e che vengono assegnati da Enti preposti. Nel codice viene infatti codificato con un numero il produttore e il prodotto.

L'obiettivo del sistema EAN è quello di fornire uno standard di identificazione globale, preciso e inequivocabile. I Codici di identificazione rappresentano una serie di numeri che possono essere letti da idonei lettori che possono essere posti nel punto di vendita, al ricevimento delle merci in magazzino o in qualsiasi altro punto della filiera.

Questo sistema standard è stato studiato per superare le limitazioni dovute all'utilizzo di sistemi di codifica specifici per una determinata azienda, organizzazione, settore o nazione, nonché per facilitare il flusso delle informazioni e dei prodotti dall'industria, alla distribuzione, al consumatore.

Figura 33: Esempio di Codice a Barre

Il codice a barre GTIN-13, formato da 13 cifre, consente l'identificazione dei prodotti a peso fisso destinati al consumatore. Non contiene informazioni specifiche (per esempio: prezzo, descrizione, ecc.), ma rappresenta una chiave attraverso la quale andare a reperirle all'interno dei database anagrafici presenti nei sistemi informativi aziendali (nel sistema informativo al codice 8.032089.000017 viene associato un prodotto di una determinata marca di un prefissato peso).

GTIN-13 8 032089 000017 PREFISSO GS1 · CODICE PROPRIETARIO DEL MARCHIO · CODICE PRODOTTO · CIFRA DI CONTROLLO	Prodotto - Tarallini Originali; Marca: Ca' del Buon Pasto; Peso: 350g

Figura 34: Esempio di relazione codice – prodotto

Con il codice a barre non vengono codificati solo numeri, bensì possono essere codificate anche le lettere dell'alfabeto. Nel Code 39, un sistema tra i più diffusi nella gestione del magazzino e utilizzato nel settore automobilistico, vengono codificate anche le lettere maiuscole, oltre che altri particolari caratteri.

Il codice 128, infine, risulta essere quello più versatile in quanto permette la codifica dell'intera gamma dei caratteri ASCII (caratteri minuscoli e maiuscoli, punteggiatura, caratteri speciali). Le informazioni che possono essere codificate nel codice a barre diventano molto numerose, anche se la densità dell'informazione è più alta e questo potrebbe costituire delle difficoltà da parte degli apparecchi di lettura.

Figura 35: Esempio di etichetta logistica con EAN 128

Nell'etichetta rappresentata si possono distinguere i seguenti campi:

- Il numero del lotto (Batch Number);

- Il numero univoco identificativo del pallet (SSCC – Serial Shipping Container Code);

- Il codice per identificare il prodotto contenuto (GTIN – Global Trade Information Number);

- La data di scadenza.

2. IL CODICE A BARRE A MATRICE

Un codice grafico bidimensionale è una rappresentazione di informazioni in formato visivo su una superficie piana (supporto cartaceo, lastra di silicio, ecc.). Tipicamente, un codice bidimensionale si presenta come un codice a barre tradizionale sul quale le barre sono sostituite da una matrice di elementi quadrangolari bianchi e neri, detti moduli.

Concettualmente un codice bidimensionale è un vettore di informazioni; tuttavia, a differenza di quanto avviene in un codice a barre lineare, la codifica delle informazioni si articola in due dimensioni.

L'introduzione dei codici grafici bidimensionali trova motivazione nella necessità di superare alcune limitazioni intrinseche dei codici a barre. In particolare, rispetto a una simbologia lineare (come è un codice a barre), una simbologia bidimensionale offre i seguenti vantaggi:

- Alta densità di memorizzazione per unità di superficie: a parità di spazio occupato sul supporto, un codice bidimensionale può contenere decine di Kbyte di dati, a fronte dei pochi caratteri (30-35) codificabili in un codice lineare di pari dimensioni.

- Autocontenimento delle informazioni: grazie all'alta densità spaziale, un codice bidimensionale è in grado di contenere tutte le informazioni e non solo un codice (il codice EAN è solo un numero; nel codice bidimensionale si possono codificare il nome, la scadenza, il produttore, etc).

- Robustezza: grazie all'impiego di metodologie di Error Correcting Code è possibile ricostruire per intero i dati contenuti in un codice bidimensionale danneggiato fino a oltre il 50% della sua superficie; un codice lineare, invece, utilizza spesso una sola cifra di parità per il controllo degli errori, che riduce ma non elimina la possibilità di errori nel processo di lettura e decodifica.

Oggi quasi sconosciuti in campo alimentare, stanno diventando sempre più importanti per la maggiore capacità di informazione.

I codici a matrice sono costituiti tutti da una scacchiera regolare. Rientrano in questa famiglia gli standard Data Matrix, Maxicode, Vericode, QR Code e Micro PDF417. Possono essere letti solo tramite scanner CCD (Charge-Coupled Device), che acquisiscono l'intera immagine tramite l'uso di una telecamera.

Data Matrix	**QR Code**

Figura 36: Esempi di Codici a Matrice (Messaggio: Andrea Payaro Organizzazione del magazzino)

Punti di forza

- Capacità di raccogliere un grande numero di caratteri alfanumerici (fino a 2.335 caratteri)
- Buona attendibilità della lettura grazie ai caratteri di controllo e di correzione
- Ottima compatibilità con le stampanti esistenti

Punti di debolezza

- Le etichette Datamatrix hanno bisogno di lettori particolari (CCD) non compatibili con quelli esistenti. Il formato PDF417 permetterebbe la lettura da terminali classici.
- Richiedono una lettura diretta e temono agenti atmosferici e condizioni ambientali
- Ogni etichetta, essendo unica in quanto i dati che vengono stampati si riferiscono all'unità di vendita (non come accade per i codici UPC o EAN che sono standard per tipologia di prodotto), deve essere applicata in fase di produzione/confezionamento.

3. LETTORI

I lettori a disposizione nel mercato possono essere di vario tipo:

- Penna luminosa: per la lettura è necessario strisciare la penna lungo l'etichetta con il codice stampato. Il costo è basso e la sua durata molto lunga. Il dovere strisciare sulla superficie potrebbe rallentare le operazioni di magazzino, oltre che rappresentare il rischio di sporcare la testina di lettura soprattutto in ambienti sporchi o polverosi.

- Dispositivo a CCD (Charge Coupled Device). A differenza della penna non ha la necessità di entrare in contatto con la superficie da leggere. La lettura può essere fatta fino a qualche decina di centimetri dall'etichetta. Nuovi dispositivi denominati "long range" possono fare una lettura anche a qualche metro di distanza.

- Dispositivo laser. Funziona con un fascio di luce che viene riflesso si un prisma e permette la lettura anche su etichette molto distanti. Risulta essere costoso ma sicuramente è molto versatile.

Vale la pena sottolineare che non esiste solo il codice a barre come sistema di codifica per la gestione del magazzino.

- Oltre all'OCR citato in precedenza, vi sono sistemi di visione meccanica, dove delle telecamere sono in grado di riconoscere gli oggetti inquadrati. Tale sistema è accurato in condizioni di buona luminosità, funzionano bene quando la velocità di lettura non è alta, ma è costoso.

- La striscia magnetica è un'altra soluzione per conservare informazioni. Ha una tecnologia consolidata (presente in tutte le carte di credito) e funzione bene anche in condizioni di sporcizia. Consente di scrivere e riscrivere dai 25 ai 70 caratteri per pollice, ma per essere letto ha bisogno di un lettore posto nella prossimità.

- RFID (Radio Frequency Identifier) è un sistema ancora usato a livello sperimentale. I dati sono contenuti in un chip contenuto in un supporto. In risposta a un segnale elettromagnetico emesso da un lettore, il transponder invia i dati contenuti nel chip sempre come segnale elettromagnetico. I vantaggi sono determinati dal fatto che non richiede una lettura ottica, quindi è adatto in particolari condizioni di sporcizia o in situazioni ambientali estreme in cui sarebbe difficile gestire etichette adesive. Il tag può essere programmato e riprogrammato. La lettura può essere fatta anche a una distanza di 30 piedi.

4. COSA GESTIRE CON IL CODICE A BARRE

Generalmente siamo abituati a vedere associato un codice a barre a un prodotto (codice EAN). Nella realtà il codice a barre può essere applicato e usato in numerose applicazioni, dalla gestione delle risorse umane alla gestione della produzione, alla gestione del magazzino. Dobbiamo vedere il codice a barre come la soluzione alla registrazione di informazioni che tradizionalmente venivano fatte a mano, il quale ha comportato una drastica riduzione del rischio di errori e la riduzione di rallentamenti delle operazioni.

Nell'ambito della gestione delle risorse umane, ogni persona può avere il suo codice a barre (adesso nelle aziende si usa il badge con striscia magnetica). La persona attraverso la lettura del codice può dichiarare che ha iniziato o terminato un'attività in una determinata ora senza il bisogno di doverlo registrare su un foglio cartaceo.

Se si identifica un prodotto, leggendo il suo codice a barre si possono tracciare le trasformazioni che subisce all'interno di un reparto produttivo. Ogni volta che il prodotto cambia stato (centro di lavoro, livello di assemblaggio) viene dichiarato attraverso la lettura del codice a barre corrispondente la fase che si è conclusa.

Se la picking list è dotata per ogni riga d'ordine di un codice a barre per identificare il prodotto da prelevare, allora il processo di spunta può essere fatto direttamente attraverso la lettura del codice, diminuendo la probabilità di errore.

Queste sono solo alcune delle innumerevoli applicazioni di un sistema a codice a barre.

Suggerimento operativo:

Se nell'azienda vi sono delle attività che vedono l'utilizzo di fogli e pezzi di carta, di trascrizioni ripetitive e noiose da foglio a sistema gestionale (si pensi al caricamento di un ordine arrivato via fax) valutate l'applicabilità di un sistema a codice a barre. In genere l'innovazione si ripaga in pochi mesi. Valutate infatti il tempo speso per la trascrizione, gli eventuali errori, il numero di risorse impegnate etc e valutate il costo corrispondente.

Suggerimento operativo:

In Internet vi sono alcune interessanti applicazioni completamente gratuite che possono fornire una percezione della versatilità di strumenti quali i codice a barre a matrice.

Si può trovare infatti un'applicazione chiamata QuickMark. Scaricando il software nel proprio cellulare dotato di fotocamera è possibile leggere con il cellulare stesso le etichette bidimensionali in standard QR Code e Data Matrix.

Capitolo Ottavo
8. Filosofie Orientali di Gestione delle Scorte

Grado di difficoltà: ★☆☆ *Basso*

1. GLI SPRECHI AZIENDALI

Le filosofie orientali puntano a ridurre gli sprechi aziendali per ottenere la flessibilità. Per ottenere la flessibilità è necessario un approccio orientato alla snellezza dell'azienda e della produzione (lean).

Il successo della Lean Manufacturing deriva dalla combinazione di pratiche, politiche e filosofie, una combinazione che può essere divisa in tre principali aree: minimizzazione dei magazzini, sistemi di lavoro e gestione delle risorse umane . La ricerca, comunque, suggerisce che tutti questi tre fattori sono importanti per mettere in atto un percorso di miglioramento continuo all'interno degli stabilimenti produttivi .

Le origini del Lean Manufacturing possono essere ritrovate nel sistema di produzione adottato all'interno della Toyota (Toyota Production System - TPS) con l'obiettivo di ridurre ed eliminare dove possibile gli sprechi

In particolare il termine lean ("snello") vuole esprime il fatto che i metodi produttivi sviluppati agli inizi in Giappone riducono al minimo l'utilizzo delle risorse impiegate: risorse umane, capitale investito, spazio occupato, tempo, ec. Avere un'azienda snella vuol dire riuscire a ridurre al minimo gli sprechi che possono essere raggruppati in sette tipologie:

- sovrapproduzione;
- attese;
- trasporti;
- perdite di processo;

- scorte;
- movimenti;
- prodotti difettosi.

Suggerimento operativo:

Per ciascun spreco compilate su una foglio le vostre impressioni con particolare riferimento alla realtà aziendale in cui si opera. Si consiglia di fermarsi a osservare come avvengono le operazioni all'interno della vostra realtà utilizzando il punto di vista della persona esterna. Chiedetevi quindi il perché accadono le cose e se esiste un metodo per ridurre i tempi e gli sforzi connessi a un'operazione. Non trascurate le operazioni semplici.

2. SOVRAPPRODUZIONE

Per un'azienda la sovrapproduzione si manifesta ogni volta che i volumi di materiale o merce realizzati non seguono l'andamento della domanda, oppure la produzione è più veloce del tasso di assorbimento dei prodotti da parte del mercato.

La sovrapproduzione è giudicata uno spreco in quanto porta all'accumulo di prodotti finiti o di semilavorati nell'azienda. Inoltre produrre in più comporta l'utilizzo di risorse aziendali e ciò non genera un corrispondente aumento della soddisfazione del cliente. Producendo in eccesso, infatti, uomini e mezzi vengono occupati in attività che rischiano di non essere ripagate dal mercato. Un prodotto invenduto può trasformarsi da risorsa a spreco, in prodotto privo di valore soprattutto in quei settori caratterizzati da alti livelli di obsolescenza.

Il Kanban

Un sistema per la prevenzione della sovrapproduzione è l'utilizzo del kanban. Questo metodo prevede di livellare gli stock e attivare la produzione solo a seguito di richiesta da parte del cliente esterno o interno (il cliente esterno è il cliente come viene inteso nella visione classica, ovvero il soggetto che achista dall'azienda; il cliente interno rappresenta da una domanda generata da una fase a valle di quella considerata).

L'idea del Kanban è stata realizzata da Taiichi Ohno, consulente della Toyota, che voleva avere tutti i prodotti a disposizione in qualsiasi momento. Ohno ha pensato al sistema Kanban (del cartellino) dopo avere vissuto l'esperienza del supermercato. Il punto di vendita può essere pensato come l'ultima fase di un processo di produzione. Il cliente andando al supermercato può scegliere e acquistare in tempo reale le quantità richieste. La gestione del supermercato rimpiazza a scaffale le quantità che sono state prelevate.

Queste semplici considerazione hanno portato allo sviluppo di un sistema produttivo attivato dalla domanda. Il prodotto finito viene stoccato in quantità predeterminata. Nulla viene più prodotto se in magazzino è presenta la quantità stabilità come stock ottimale.

Il prodotto è identificato da un cartellino (Kanban) che specifica la natura alcune informazioni che lo rappresentano, la tipologia del prodotto stesso, la macchina in cui viene realizzato, il numero di pezzi per unità di carico, il disegno di progetto etc.. Nel momento in cui il prodotto viene venduto (o prelevato per essere destinato a nuova lavorazione – in questo caso è come se vi fosse un cliente interno), esso viene prelevato dal magazzino.

Il cartellino viene staccato dall'unità di carico venduta e depositato su un'apposita bacheca porta Kanban (rastrelliera). A tempi definiti i Kanban depositati vengono prelevati e portati in una nuova rastrelliera posta nei reparti di produzione. Sulla base della numerosità dei kanban, l'addetto alla produzione decide quali prodotti avviare alla produzione e in quale sequenza.

Questo ultimo aspetto sottolinea un elemento di cambiamento molto importante: nell'azienda non lean è il responsabile che definisce il cosa, quanto, come produrre; nell'azienda lean il quando produrre è determinato dal mercato, il quanto e il come è lasciato all'addetto di produzione che deve seguire i segnali (Kanban) della domanda. Con questa tecnica si elimina il rischio di sovrapproduzione.

Organizzare un sistema a Kanban

Numero di Kanban

Calcolare il numero dei Kanban da realizzare. La funzione che viene utilizzata è:

$$\text{Num. Kanban} = \frac{\text{Dom} * \text{T.P.} * \text{Fattore Sicurezza}}{\text{Dimensione Lotto}}$$

Dove:

- Dom = Domanda Giornaliera
- T.P. = Tempo di Produzione

- Fattore di Sicurezza: esprime di quanto può variare la domanda
- Dimensione Lotto : Numero di pezzi che costituiscono un lotto

Esempio:

Determinare il numero di Kanban necessari per gestire un prodotto che ha:

Una domanda media di 60 pezzi al giorno;

Un tempo di produzione di 2 minuti al pezzo;

Fattore di Sicurezza: si tratta di un indice precauzionale per fare fronte a situazioni di incertezza. In questo caso si pone 1,5;

Numero di prodotti del lotto: 20

Il numero di Kanban da realizzare è:

Num Kanban = (Dom * T.P. * Fattore di Sicurezza) / Dimensione Lotto= (60 pz * 2 min/pz * 1,5) / 20 pz = 9

Creare il cartellino

Dopo avere determinato il numero è necessario pensare a quali informazioni riassumere su ciascun cartellino. Si prende per esempio un codice che nel nostro caso potrebbe essere il WT01KT, la cui descrizione è "TUBETTO TERMINALE PKT 412". Il cartellino che verrà creato dovrà essere successivamente attaccato ad ogni SKU a magazzino.

Nel nostro esempio su ogni SKU viene apposto un cartellino rimovibile che indica:

- Il numero di codice del componente (WT01KT)
- La descrizione del componente (TUBETTO TERMINALE PKT 412)
- La capacità del contenitore (20 pezzi)
- Il numero della scheda (Es. n.4, di 9 schede emesse)

- Il numero/codice del fornitore (potrebbe essere un centro di produzione interno)

- La locazione di stoccaggio in uscita

Si suppone che il codice considerato venga prodotto internamente e il centro di lavoro dove viene realizzato è codificato come MP42.

I Kanban che verranno realizzati potrebbero essere fatti in questo modo:

Codice: WT01KT	**TUBETTO TERMINALE PKT 412**	**Cont. : 20 Pezzi**
Kanban: 4/9	**Centro MP42**	**Locazione: A-10-6-4**

Figura 37: Esempio di informazioni raccolte in un Kanban

Creare la rastrelliera

La rastrelliera è un tabellone che può venire attaccato alla parete dotato di una serie di fessure. Le fessure servono per infilarci i cartellini. Il numero di fessure per ogni codice deve essere uguale al numero di Kanban creati.

Suggerimento operativo:

Si consiglia di colorare le fessure nei colori di verde, giallo e rosso. La regola che deve essere applicata è che il Kanban deve essere inserito nella prima posizione libera più bassa. Si comincerà quindi a mettere i Kanban nelle fessure colorate di verde, per poi metterle nelle posizioni colorate di giallo e di rosso.

Questi colori sono un richiamo visivo per fare comprendere a chi è dedicato alla produzione quali sono i codici che devono essere avviati alla produzione per prima: precedenza verrà dedicata a quei Kanban in area colorata di rosso. Questo messaggio significa che a magazzino si è in condizioni di bassa scorta ed è quindi il momento di ristabilire le giacenze per evitare lo stock out.

La rastrelliera deve essere suddivisa in aree, una per ogni codice interessato al Kanban.

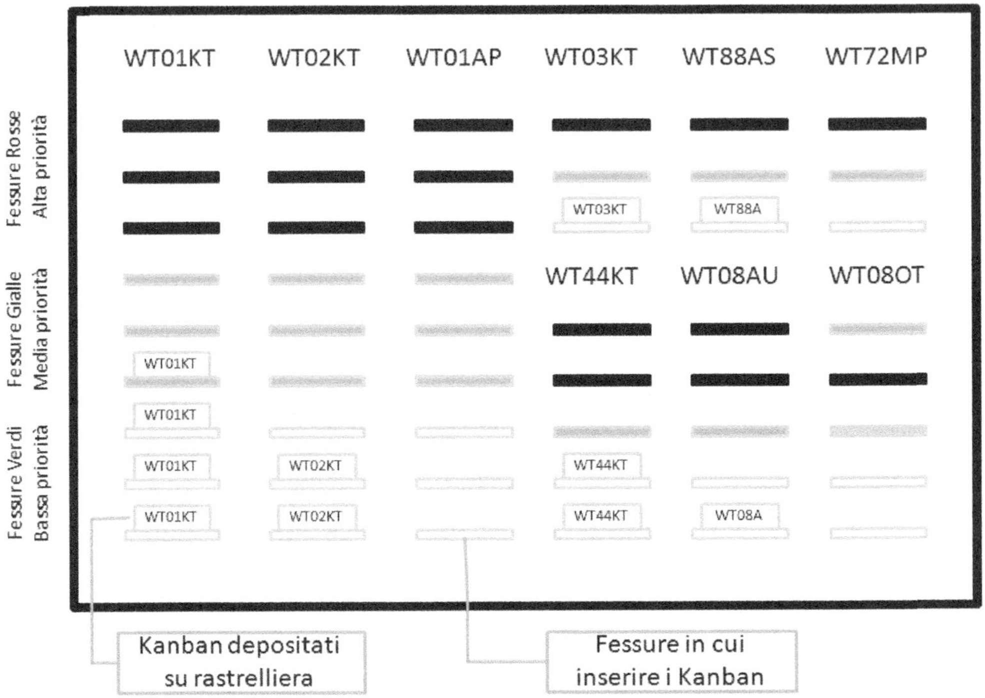

Figura 38: Esempio di rastrelliera per Kanban

La dinamica

Quando uno dei contenitori è prelevato (1), viene staccato il Kanban e riposto in una rastrelliera (contenitore/bacheca porta cartellini). A intervalli regolari i Kanban riposti vengono prelevati e portati nei rispettivi centri di lavoro (2). Nei centri di lavoro o in area di produzione vengono riposti nella rastrelliera qui presente. Il responsabile di produzione decide, sulla base dei Kanban ricevuti, quale codice avviare alla produzione (3). Se infatti si trova ad avere 8 Kanban di un codice che ne ha in totale 9 allora il codice avrà massima priorità perché rischia di andare in stock out.

Alla fine di ogni produzione (4), su ogni SKU riempita si andranno a ricollocare i Kanban e i prodotti verranno poi portati nella loro locazione a magazzino (5).

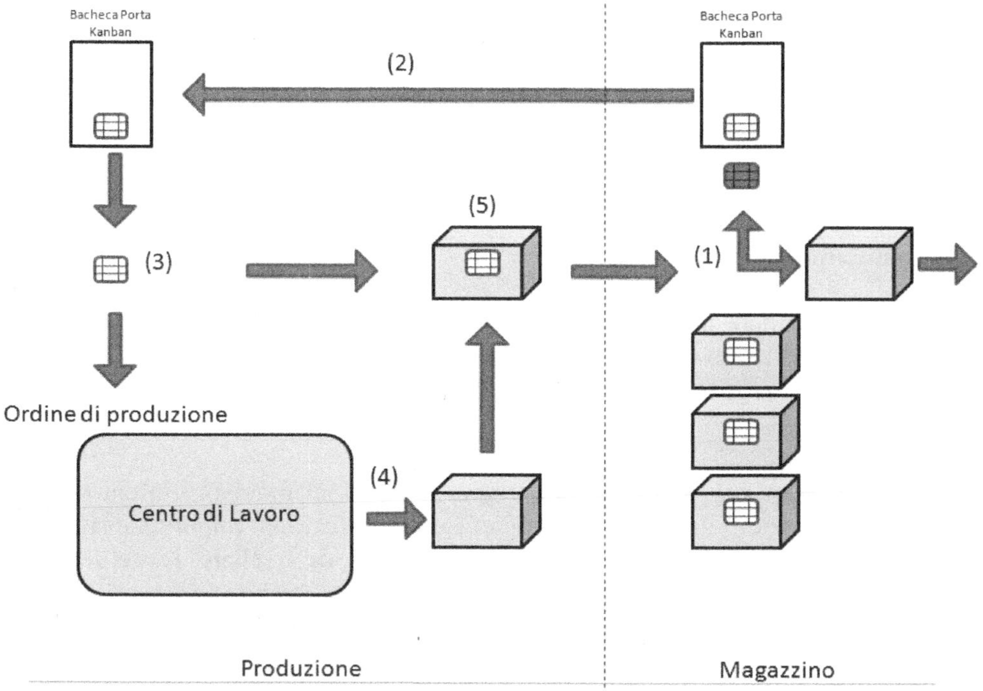

Figura 39: Dinamica del kanban

Il sistema a Kanban mira a produrre solo se vi è domanda. Nel caso non vi sia domanda, nulla deve essere prodotto. Tali considerazioni portano a limitare il rischio di sovrapproduzione e permettono di tenere sotto controllo con sistemi visivi (i cartellini - kanban) lo stato delle scorte.

3. ATTESE

Questo tipo di spreco si manifesta quando un operatore non svolge alcun lavoro, rimanendo in attesa di un evento successivo. Le principali possibili cause possono essere riassunte in:

- mancanza di livellamento produttivo tra le varie fasi;
- guasto della macchina di produzione;
- mancanza di organizzazione tra le persone;
- carenza di risorse (p.e. strumenti di lavoro).

Per quanto riguarda il livellamento produttivo se due fasi di uno stesso ciclo produttivo lavorano con velocità diverse, la velocità del sistema è sempre quella dell'elemento più lento. Questo significa che lo sbilanciamento può provocare l'accumulo di materiale (scorta interoperazionale) quando una fase lenta è preceduta da una fase più rapida. Lo sbilanciamento può provocare attesa , invece, quando una fase veloce segue una lenta.

Suggerimento operativo:

Rilevare sul campo le velocità di produzione delle varie fasi produttive. Si consiglia di fare i rilevi in area di produzione direttamente sulle macchine e non basarsi sui tempi registrati a distinta base.

La soluzione a questo problema può essere trovata nel momento in cui vengono rilevate le prestazioni di ciascuna singola fase di produzione. Importante rilevare le velocità di ciascuna fase e valutare la possibilità di livellare le velocità (per velocizzare una fase lenta si deve pensare all'inserimento di nuove risorse: macchine più veloci o aggiungere macchine o incrementare il numero di addetti).

Oltre al livellamento si deve valutare se esiste la possibilità di passare da una linea di produzione disomogenea organizzata per lotti di produzione a una linea in cui vi sia un flusso continuo. La continuità di flusso si ottiene sostituendo i carrelli o i cesti utilizzati per spostare la merce da fase a fase con sistemi convogliatori.

Figura 40: Esempio di linea di produzione non bilanciata

Figura 41: Esempio di linea di produzione bilanciata [Tratto da: Rother M., Shook J., Learning to see: value stream mapping to add value and eliminate muda, The lean enterprise institute, 1999.]

Eventuali attese della macchina o dell'operatore può essere dovuto a gusti. Per fare fronte a possibili guasti il pensiero Lean ha sviluppato una strategia denominata

Total Productive Maintenance (TPM). Si tratta di un approccio alla manutenzione che ha come scopo quello di ridurre al minimo le fermate degli impianti.

Con il termine "manutenzione" (maintenance) si intende, in generale, la funzione di controllo, riparazione e revisione dell'equipment (ovvero le macchine, attrezzature, strumenti e tutto quanto viene utilizzato in un impianto con il fine, diretto o indiretto, di produrre). L'obiettivo è di assicurare il regolare funzionamento, la migliore conservazione e quindi di garantire la massima continuità e regolarità della produzione. La TPM è un approccio innovativo che si propone di ottimizzare il rapporto tra chi lavora e il suo equipment, rendendo i compiti degli operatori più semplici e più agevoli e di conseguenza più efficaci.

Nella definizione ufficiale il TPM tende a massimizzare l'efficienza globale dell'intero sistema produttivo, responsabilizzando tutte le funzioni dell'azienda (Progettazione, Produzione, Manutenzione,ecc.). e tutto il personale, dalla Direzione fino agli operai di Produzione, attraverso una gestione delle risorse umane in grado di aumentare il senso di motivazione.

FMEA

Nella gestione della qualità totale è interessante conoscere la tecnica FMEA (Failure Mode and Effect Analisys) é stata sviluppata negli USA e il primo documento che ne parla é una procedura militare (la Mil-P-1629) del 1949. Questa metodologia é stata usata per condurre in modo sistematico le analisi di affidabilità per valutare gli effetti dei malfunzionamenti sul sistema e sui sottosistemi. Le «failure» (malfunzionamenti - guasti) venivano classificate in base al loro impatto sul successo della missione e della sicurezza degli oggetti e delle persone. Ad oggi il significato non è cambiato in quanto fornisce un metodo per esaminare sistematicamente tutti i modi in cui una «failure» può presentarsi.

Per ogni tipo di «failure» é possibile stimare:

- L'effetto che la «failure» ha sul sistema
- La probabilità che la «failure» si presenti
- Quali sono i mezzi che abbiamo a disposizione per accorgerci che c' é stata un «failure».

Una buona FMEA

- Identifica i modi di «failure» potenziali e noti;
- Identifica le cause e gli effetti delle «failure»;

- Riesce a dare una scala di rischio ai diversi tipi «failure»;
- Fornisce gli strumenti per le azioni correttive/preventive e di follow-up delle «failure» potenziali;

L'analisi si concretizza con la determinazione di un parametro detto RPN (Risk Priority Number) e definito come prodotto di tre fattori:

RPN=S*O*D

Dove:

- S=Severity, ovvero l'impatto che il guasto potrebbe avere sul sistema;
- O=Occurency, ovvero la frequenza teorica o misurata da dati storici del guasto;
- D=Detectability, ovvero la possibilità di accorgersi di un malfunzionamento.

La determinazione dei tre fattori precedentemente definiti viene fatta attraverso l'utilizzo delle seguenti tabelle:

Severity	Valore	Criteri
Nessun Effetto	1	Nessun effetto sul prodotto o su processi seguenti
Effetti molto leggeri	2	Effetti molto leggeri sulle performance del prodotto o del sistema
Effetti leggeri	3	Leggere conseguenze su prodotto o sistema
Effetti Minori	4	Il problema non richiede riparazioni
Effetti Moderati	5	Il problema su parti non fondamentali richiede una riparazione
Effetti Significativi	6	Le performance degradano ma il sistema comunque rimane operativo e sicuro. Nessun sottosistema principale è non operativo
Effetti Importanti	7	Importanti effetti sul processo e riparazione necessaria. Il prodotto o servizio è inutilizzabile
Effetti estremi	8	Estremi effetti sul processo, componenti danneggiati. Il prodotto o servizio è inutilizzabile ma sicuro
Effetti seri	9	Effetti potenzialmente pericolosi
Effetti Pericolosi	10	Effetti molto pericolosi

Figura 42: Criteri per la scelta del livello di Severity

Occurency	Valore	Criteri
Quasi mai	1	Poco probabile. I dati storici non dimostrano problemi
Remoto	2	Rara probabilità di guasto
Molto leggera	3	Guasto molto poco probabile
Leggera	4	Sono probabili pochi guasti
Bassa	5	Probabile un occasionale numero di guasti
Medio	6	Probabile un moderato numero di guasti
Moderatamente alto	7	Probabile un elevato numero di difettosità
Alto	8	Alto numero di defettosità
Molto alto	9	Molto alto il numero di difettosità
Quasi certo	10	Guasto quasi certo

Figura 43: Criteri per la scelta del livello di Occurency

Detection	Valore	Criteri
Quasi certo	1	I controlli permettono di rilevare tutte le difettosità
Molto alto	2	Alta probabilità di rilevare la difettosità
Alto	3	Buona probabilità di rilievo della difettosità
Moderatamente Alto	4	Moderata probabilità di rilievo dei guasti
Medio	5	Media probabilità di rilievo dei guasti
Basso	6	Bassa probabilità di rilievo dei guasti
Leggera	7	Leggera probabilità di rilievo dei guasti
Molto leggera	8	Risulta essere poco probabile la capacità di rilevare il guasto
Remoto	9	Risulta molto remota la capacità di rilevare il guasto
Nessun controllo	10	Nessun controllo può rilevare la difettosità

Figura 44: Criteri per la scelta del livello di Detection

Per il calcolo del RPN si suggerisce di utilizzare la seguente tabella.

Funzione	Tipologia di Guasto	Effetti del guasto	Severity	Cause del guasto	Occurency	Sistemi di controllo per il rilievo del guasto	Detectability	RPN	Azioni raccomandate	Responsabile	Azioni prese	Nuovo Severity	Nuovo Occurency	Nuovo Detectability	Nuovo RPN

Figura 45: Tabella di riferimento per compilazione FMEA

Nella compilazione della tabella:

- Funzione: si tratta della funzione che si sta studiando;
- Tipologia di guasto: descrizione del problema;
- Effetti del guasto: cosa può derivare dal guasto a livello di sistema;
- Severity: Stimare il valore della gravità del guasto;

- Cause del guasto: cosa può determinare il guasto;
- Occurency: frequenza del guasto;
- Sistemi di controllo: modalità per il rilievo del guasto;
- Detectability: probabilità di rilevare il guasto;
- RPN (Risk Priority Number): Prodotto tra Severity – Occurency – Detectability;
- Azioni raccomandate: possibili attività per ridurre la probabilità, le conseguenze o la dannosità del guasto;
- Responsabile: Capo progetto per il miglioramento;
- Azioni prese: attività definite la riduzione di RPN;
- Nuovo Severity: Stima del nuovo valore di Severity dopo le azioni decise;
- Nuovo Occurency: Stima del nuovo valore di Occurency dopo le azioni decise;
- Nuovo Detectability: Stima del nuovo valore di Detectability dopo le azioni decise;
- Nuovo RPN.

Suggerimento operativo:

Per qualsiasi dispositivo utilizzato in magazzino o in produzione compilare una scheda in cui segnalare il piano di manutenzione da fare. Registrare e analizzare tutti i fermi macchina che accadono in azienda. In particolare è necessario comprendere le motivazioni che hanno portato al blocco. Fate attenzione che NON è sufficiente riparare il guasto. BISOGNA comprendere i fattori che lo hanno causato. La semplice riparazione non è in grado di evitare l'eventualità di un nuovo fermo macchina.

Suggerimento operativo:

La regola dei cinque Perché

È una pratica sviluppata sempre in oriente. Si tratta di chiedersi 5 volte il perché è accaduto un evento. In questo modo è molto probabile individuare la causa che lo ha generato.

Esempio:

Perché la macchina si è fermata?
- Perché mancava olio refrigerante

Perché mancava olio refrigerante?
- Perché vi era stata una perdita dalla guarnizione?

Perché vi era stata una perdita dalla guarnizione?
- Perché la guarnizione era vecchia

Perché la guarnizione era vecchia?
- Perché non era mai stata sostituita

Perché non era stata sostituita?
- Perché nessuno ha avuto la responsabilità di farlo

La soluzione per evitare nuovi fermi macchina non è la riparazione del danno, bensì affidare a una persona il controllo e la sostituzione programmata della guarnizione.

Suggerimento Operativo:

Cercate di aumentare il controllo sulle attrezzature e sulle macchine favorendo l'individuazione di eventuali anomalie. In alcuni casi l'ordine e la pulizia mantenuti nei reparti di lavorazione o nei magazzini permettono di identificare in tempo alcune problematiche.

Esempio:

Un'azienda multinazionale ha colorato le macchine di produzione di bianco in modo da permettere l'individuazione immediata di eventuali perdite d'olio.

Dal punto di vista dell'organizzazione delle risorse umane, per evitare che vi siano inutili attese, si consiglia di fornire delle regole tali che ciascuno debba sapere sempre cosa fare. Le attività anche in questo caso devono essere a valore aggiunto. Non è scopo di questo libro parlare dell'organizzazione, si rimanda quindi a testi specifici.

Infine, da valutare invece il caso della mancanza di risorse, esempio mancano carrelli elevatori o la macchina di produzione non è sufficiente per soddisfare la domanda. A questo punto è opportuno fare delle valutazioni economiche su quanto costa la non produttività e se tale costo giustifica un investimento di una nuova risorsa (mezzi, strumenti, tecnologie, etc.).

Per fare questa simulazione è necessario rilevare i tempi e analizzare il processo.

Esempio:

Alcuni operatori di magazzino al ricevimento delle merci devono stampare dei bindelli (etichette con codice a barre) da attaccare sulla merce arrivata prima che sia stoccata. In magazzino c'è una sola stampante ed è posizionata negli uffici. Dalla zona di scarico merci la stampante dista 50 m. Gli operatori ricevono la merce, con il DDT vanno nell'ufficio, inseriscono i dati manualmente relativi a quanto arrivato, stampano le etichette, ritornano in area magazzino e attaccano le etichette.

Nelle tabelle seguenti viene messo in evidenza il processo attuale (processo 1) e il nuovo processo ottenuto semplicemente creando una nuova postazione per l'inserimento dei dati vicino alla zona di scarico della merce (processo 2). Il processo inizia con la fine del controllo della merce. Nelle simulazioni si considera che una persona che cammina ha una velocità pari a 1 metro al secondo (1 m/s) e i tempi riportati si riferiscono a medie rilevate "sul campo".

Con il processo 1, l'addetto deve mediamente andare in ufficio 12 volte al giorno e per l'andata e per il ritorno impiega 100 secondi. L'addetto deve inoltre attendere mediamente 60 secondi affinché il computer si liberi in quanto è generalmente utilizzato da altre persone nell'ufficio. Quando si libera il PC, l'addetto inserisce i dati (dove ci impiega circa 180 sec) e stampa le etichette (90 secondi medi per la stampa). Dopo il ritorno nella postazione nel magazzino l'addetto attacca le etichette, impiegandoci 100 sec. Il nostro addetto costa all'azienda 20 Euro orari. Tutto il processo dura 530 sec, i quali se moltiplicati per le 12 volte che vengono ripetuti al giorno, si trova che il processo occupa 1,77 ore al giorno. Se in un anno lavorativo vi sono 220 giorni, allora il costo del processo in un anno è pari a 7773,33 Euro.

	PROCESSO 1	Spazio (m)	Velocità (m/s)	Tempo (s)
	Scarico merce e controllo			
	Percorso per andare in ufficio	50	1	50
	Attesa che il PC sia libero			60
	Inserimento dati			180
	Stampa Etichette			90
	Ritorno alla zona di scarico	50	1	50
	Si attaccano le etichette			100
	Tempo Totale del processo (sec)			530

	Numero di volte al giorno che si ripete l'operazione	12
A)	Tempo del processo al giorno (h)	1,77
B)	Costo aziendale addetto (€/h)	20
C)	Giorni lavorativi anno	220
	Costo annuo del processo 1 (€) - [A*B*C]	**7773,33**

Figura 46: Analisi del processo di scarico

Il nuovo processo che viene ipotizzato prevede solamente il fatto che l'addetto usa un PC e una stampante installati vicino al magazzino e dedicati per il ricevimento della merce. Rispetto al processo di prima adesso non vengono sprecati 100 sec per andare e tornare dal PC posto in ufficio. Inoltre vengono praticamente annullati i tempi di attesa. A questo punto il processo 2 per essere fatto necessita di 1,3 ore. Con le stesse ipotesi di prima (costo orario risorsa 20€; numero volte che viene ripetuto il processo = 12; giorni lavorativi annui =220) il nuovo costo annuo di processo diviene 5720,00 Euro.

	PROCESSO 2	Spazio (m)	Velocità (m/s)	Tempo (s)
	Scarico merce e controllo			
	Percorso per andare in ufficio	0	0	0
	Attesa che il PC sia libero			20
	Inserimento dati			180
	Stampa Etichette			90
	Ritorno alla zona di scarico	0	0	0
	Si attaccano le etichette			100
	Tempo Totale del processo (sec)			390

	Numero di volte al giorno che si ripete l'operazione	12
A)	Tempo del processo al giorno (h)	1,3
B)	Costo aziendale addetto (€/h)	20
C)	Giorni lavorativi anno	220
	Costo annuo del processo 2 (€) [A*B*C]	**5720,00**
	RISPARMIO (€)	**2053,33**

Figura 47: Nuovo processo di scarico e relativo risparmio

Con il processo 2 il risparmio annuo è di 2053,33 Euro rispetto al processo 1. Ciò significa che se si installa una stampante e un PC nella zona di magazzino, in un anno i costi dell'investimento sono già stati ripagati dall'efficienza lavorativa.

4. TRASPORTI

Tutti i trasporti di materiale all'interno dell'azienda possono essere visti come sprechi dato che solo la lavorazione-trasformazione fisica del prodotto crea valore. Le attività di trasporto non creano valore, ma sono tuttavia indispensabili. Occorre comunque tener presente che quanto più un prodotto è trasportato, tanto maggiori sono le probabilità che esso subisca danneggiamenti. Valutare ed esaminare continuamente il flusso dei materiali porta ad una riduzione continua di questo spreco.

Suggerimento Operativo:

Con una planimetria del magazzino o del reparto di produzione, segnare con un pennarello sul foglio il percorso che un particolare codice fa durante le sue lavorazioni. Il risultato generalmente è un diagramma di linee molto intricato, comunemente chiamato "Spaghetti Chart". A questo punto l'obiettivo è quello di riuscire a districare i percorsi rendendoli più fluidi e con il minimo numero di intersezioni.

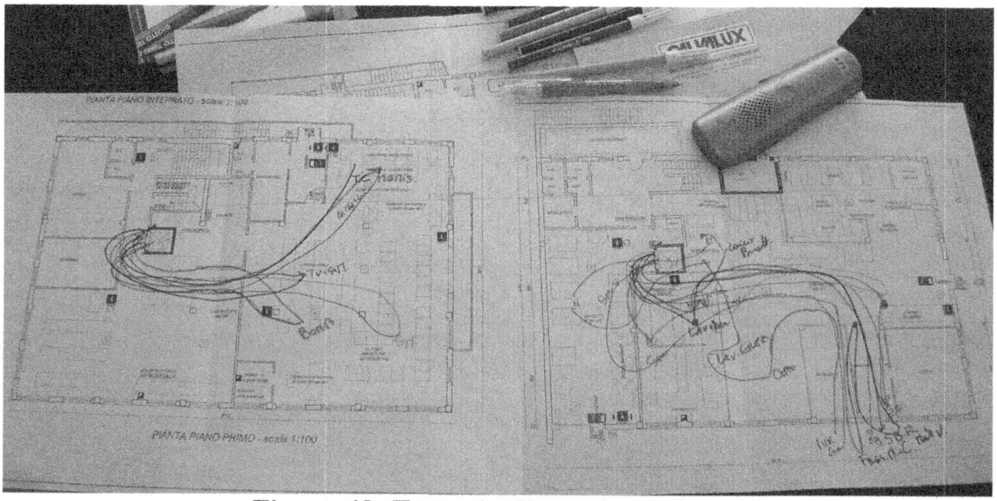

Figura 48: Esempio di spaghetti charts

L'osservazione diretta di tutte le attività che avvengono nell'azienda è il metodo per valutare continuamente se lo spostamento del prodotto è indispensabile o meno. L'obiettivo è quello di ridurre al minimo gli spostamenti di prodotto o rendere gli spostamenti automatizzati attraverso l'utilizzo di convogliatori, nastri, catene.

Questi ultimi sono da preferirsi a sistemi di trasporto come carrelli o roll in quanto questi ultimi contribuiscono ad aumentare la quantità di materiale presente nel processo. La filosofia è quella di permettere il one piece flow , ovvero la realizzazione di un flusso lineare comandato dalla domanda in cui vengono movimentate quantità singole.

L'obiettivo è quindi di ridurre al minimo le risorse umane impiegate nello spostamento dei prodotti; minimizzare i danneggiamenti causati dagli spostamenti e i prodotti stoccati temporaneamente in aree non idonee.

Esempio:

Un'azienda manifatturiera ha una produzione che si compone di lavorazioni svolte su banchi di lavoro. L'addetto all'operazione che è sul banco prende da un carrello il pezzo, lo lavora e lo appoggia su un altro carrello. Quando il carrello dei prodotti lavorati è pieno, lo porta a un altro banco per una lavorazione successiva. L'addetto a questa nuova operazione si comporterà allo stesso modo.

Nel nostro esempio consideriamo che vi siano tre lavorazioni seguenti. Valutiamo i tempi di attraversamento in tre casi: un lotto di produzione di 1000 pezzi; un lotto di produzione di 500 pezzi; il caso one-piece-flow.

Consideriamo il tempo di attraversamento delle tre fasi produttive necessario al primo pezzo. Il carrello sarà pronto dopo avere realizzato i 1000 pezzi. Se la lavorazione per pezzo è di 20 sec allora saranno necessarie 5,56 ore per completare la lavorazione dei 1000 pezzi. Il carrello viene poi trasferito alla lavorazione successiva. Il tempo per spostare da fase a fase i prodotti è stimato in 15 sec.

		FASE 1	TRASPORTO	FASE 2	TRASPORTO	FASE 3		TEMPO DI ATTRAVERSAMENTO TOTALE	
Tempi di lavorazione	sec/pz	20		20		20			
Tempi di trasporto da fase a fase	sec		15		15				
Tempo di lavorazione lotto	sec	20000	15	20000	15	20000			
Lotto di 1000 pz	ore	5,56		5,56		5,56		16,68	ore
Tempo di lavorazione lotto	sec	10000	15	10000	15	10000			
Lotto di 500 px	ore	2,78		2,78		2,78		8,34	ore
Tempo di lavorazione lotto	sec	20	15	20	15	20			
One Piece Flow	ore	0,01		0,01		0,01		90,00	sec

Figura 49: Tempi di attraversamento con diversi lotti

Con analoghe considerazioni, anche per questa fase saranno necessarie 5,56 ore. A completamento del carrello si effettuerà l'ultimo trasferimento seguito da una nuova fase produttiva. Uguali i tempi di lavorazione. Il lotto sarà pronto solo dopo 16,68 (5,56 ore + 15 sec + 5,56 ore + 15 sec + 5,56 ore) ore dal momento in cui si è iniziato il primo pezzo.

Se invece di considerare un lotto di 1000 pezzi si valuta un lotto di dimensione la metà, pari a 500 pezzi, con considerazioni analoghe al caso precedente si avrà che il lotto sarà pronto dopo 8,34 ore dall'inizio delle lavorazioni (2,78 ore + 15 sec + 2,78 ore + 15 sec + 2,78 ore).

Nel caso one piece flow, il carrello è stato sostituito da un nastro trasportatore che collega fase dopo fase. Se il tempo di trasferimento è uguale a quello dei casi precedenti, allora il pezzo subisce una lavorazione dopo l'altra e alla fine il tempo di attraversamento è di soli 60 sec.

5. PROCESSO

Si manifesta nel momento in cui si scelgono soluzioni complesse invece che semplici, legate a qualsiasi processo. Nell'ambito della produzione un avviamento lungo, i colpi improduttivi di una pressa, lunghi tempi di attrezzaggio, errata disposizione di materiale utile per la produzione, etc. sono tutti esempi di spreco di processo. Nella pratica vengono utilizzate più risorse di quelle necessarie. Questo è uno spreco difficile da individuare e da eliminare ed è necessario intervenire su tutte quelle attività critiche che:

- pur modificando il prodotto, non sono riconosciute come valore aggiunto dal cliente finale;
- fungono da ausiliarie e sono utilizzate per migliorare un processo non completamente ottimizzato;
- non sono necessarie per l'ottenimento delle prestazioni tecniche richieste dal cliente al prodotto.

Una soluzione a questo tipo di spreco è il metodo Jidoka, una grande innovazione presente nel TPS. Attraverso il Jidoka si intende costruire la qualità nel processo mediante una perfetta integrazione tra uomo e macchina. Con Jidoka si intende produrre in qualità e progettare le operazioni e le attrezzature così che le persone non siano legate alle macchine ma siano libere di eseguire un lavoro a valore aggiunto, com'è appropriato per un essere umano.

Per ottenere un livello di qualità tendente al 100% all'interno del processo devono essere soddisfatte due condizioni:

- l'arresto macchina o impianto quando la qualità non è più assicurata;

- l'intervento umano su macchina o impianto non deve assolutamente alterare la qualità dell'output.

Per garantire queste priorità, occorre che il sistema azienda sia in grado di sfruttare al meglio l'intelligenza del personale e soprattutto degli operatori che sono coloro più direttamente coinvolti nel processo produttivo. I criteri seguiti per l'implementazione di questo metodo sono:

- dotare impianti e macchine di dispositivi adatti di fermata in presenza di condizioni di non qualità;

- responsabilizzare l'operatore nella qualità del proprio operato e renderlo indipendente dagli altri operatori;

- sbloccare il legame rigido uomo-macchina (tramite il soddisfacimento delle due condizioni espresse in precedenza);

- impedire gli errori negli interventi dell'operatore sulle macchine e sugli impianti (metodi Poka Yoke – letteralmente a prova di stupido);

- ricercare a fondo le cause dei problemi e dei difetti riscontrati nel processo produttivo.

Esempio:

In un'azienda di motori elettrici la produzione è garantita da centri lavoro costituiti da macchine automatiche. La presenza dell'uomo, che controlla le operazioni su più macchine contemporaneamente, serve per garantire che i componenti per l'assemblaggio siano caricati sulla macchina prima che essa si fermi. Prima del miglioramento l'addetto controllava lo stato delle macchine e cercava di capire quando era il momento di intervenire. Questo non era sufficiente per evitare il fermo macchina. Si è pensato quindi di installare dei display di Andon che segnalavano in modo visivo con una luce rossa quando la macchina entrava in una condizione di "riserva". Questo semplice richiamo visivo ha ridotto del 30% l'incidenza dei fermi macchina per riapprovvigiona mento.

Il display di Andon è un semplice sistema visivo che permette di richiamare l'attenzione. Originariamente in Toyota è stato installato lungo le linee di produzione per fermare la stessa nel momento in cui un operatore rilevasse una non conformità nel prodotto su cui stava operando. La filosofia è quella di dare la responsabilità in ciascuna fase di lavoro del controllo di qualità e non permettere che un pezzo non conforme possa arrivare a fine produzione. I display possono essere dei semplici semafori a tre luci dove il verde rappresenta la situazione di normalità, il giallo la criticità e il rosso l'urgenza.

SMED

La sigla S.M.E.D. significa Single Minute Exchange of Die (attrezzaggio in un tempo inferiore a 10 minuti, cioè in un numero di minuti espresso da una sola cifra) ed è un metodo per la riduzione dei tempi di attrezzaggio, tipicamente riferito ad applicazioni nell'industria metalmeccanica e della trasformazione di materie plastiche, ma applicabile anche ad altri settori laddove esistono frequenti cambi di lavorazione che richiedono ogni volta un'adeguata predisposizione e taratura dell'impianto dedicato

La metodologia S.M.E.D. é molto semplice: trasformare operazioni di set-up in qualcosa di talmente elementare che "chiunque", purché abbia un minimo di conoscenza tecnica del settore (come un operatore macchina od un assistente di linea), possa eseguirlo correttamente, facilmente e rapidamente. L'attenzione focale, pertanto, é sulla semplificazione delle attività di set-up e sull'adozione di metodi poka-yoke (a prova di stupido) ove necessario.

Il primo passo è identificare nel processo di attrezzaggio di una macchina i tempi interni e i tempi esterni:

- Il tempo di set up interno è definito come quell'intervallo di tempo durante il quale la macchina (o la linea, o il processo produttivo) deve essere fermata altrimenti non sarebbe possibile effettuare il set-up.

- Il tempo di set up esterno è definito come quell'intervallo di tempo, che trascorre durante le operations produttive sia del lotto precedente che di quello successivo, durante il quale si effettuano alcune attività necessarie per il set-up (come portare o rimuovere materiali e prodotti, preparare o mettere a posto attrezzi, ecc.).

Per l'applicazione dello SMED è utile tenere a mente le seguenti parole chiave:

- Gradualmente: i migliori risultati si ottengono con un approccio graduale, sistematico e passo-passo, stile kaizen.

- Coinvolgimento: in un progetto S.M.E.D., i migliori risultati si ottengono con il coinvolgimento di tutte le persone interessate (tecnici, operatori, addetti alla manutenzione attrezzature, supervisori.).

- Approccio da poveruomo: spender soldi é l'ultima cosa da fare, in un progetto S.M.E.D.. Prima degli investimenti tecnologici, vengono energia mentale, lavoro di gruppo, soluzioni semplici ed economiche.

Il metodo prevede che l'analisi critica del ciclo di attrezzaggio e le proposte di miglioramento vengano effettuate con la collaborazione dei tecnici e degli operatori direttamente interessati. Occorre, quindi, creare un gruppo di lavoro che veda coinvolti fondamentalmente capi ed operai di produzione e di manutenzione. Si devono coinvolgere esperti ma anche almeno un non addetto che permetterà di sfidare le norme e le procedure di lavoro consolidate

Nel processo di miglioramento occorre distinguere ciò che deve essere necessariamente effettuato a macchina ferma (attività di attrezzaggio interno) da ciò che può essere eseguito sulla macchina in funzione, cioè prima del cambio utensile (attività di attrezzaggio esterno). Certe attività, infatti, possono essere svolte mentre le macchine stanno lavorando. Tra queste è possibile ricordare le seguenti:

- Scegliere le persone per lo set-up;

- Preparare parti e strumenti;

- Fare riparazioni;

- Portare parti e strumenti presso le macchine.

Per raggiungere valori dell'ordine del "single minute" è necessario trasformare una parte di operazioni di attrezzaggio interne in operazioni esterne, in modo da poterle svolgere in ombra alle attività produttive.

Le tecniche da applicare sono essenzialmente tre:

- Preparazione anticipata delle condizione operative.

- Standardizzazione delle funzioni essenziali: standardizzare i modi di esecuzione del set-up significa pensare a tutte le possibili modifiche alle macchine e alle attrezzature che possono evitare eventuali attività di aggiustamento complesse e lunghe. "Il modo più veloce per cambiare qualcosa è non cambiare nulla!"

- Utilizzare dei sistemi di riferimento per il posizionamento corretto delle parti: il posizionamento delle parti e delle attrezzature può rivelarsi sia un'attività laboriosa che una fonte di errori di lavorazione.

Una volta esternalizzate le attività individuate, è necessario evidenziare le operazioni anomale e valutarne la possibile eliminazione o almeno la riduzione dei tempi occorrenti mediante modifiche di metodo, di attrezzature, di ricorso a "manualità e occhio". E' fondamentale, in altre parole, analizzare ancora una volta le operazioni eseguite con i nuovi metodi e valutare se possono essere apportati ulteriori miglioramenti.

6. MOVIMENTI

Ogni movimento del corpo di una persona che non sia direttamente correlato all'aggiunta di valore del prodotto è da considerarsi improduttivo. Per esempio, una persona che cammina non è produttiva. Ogni azione che richiede sforzo fisico eccessivo da parte dell'operatore dovrebbe essere evitata non solo perché costituisce una difficoltà per l'operatore ma anche un rischio per la sua salute.

L'obiettivo del processo lean è quello di intervenire su questi sprechi per ridurre al minimo i movimenti non necessari ed elevare la qualità del lavoro dell'addetto alla produzione. Tra le motivazioni che spingono ai movimenti inutili si ha la ricerca di utensili o componenti, il doversi alzare o allontanare dalla propria postazione per prendere merce o accessori. Occorre considerare che i movimenti inutili possono comportare anche l'aumento di probabilità di danni o infortuni per l'operatore.

La soluzione per eliminare o ridurre i movimenti è la riprogettazione dei posti di lavoro basata sull'ordine. Ordine si traduce in visione chiara di ciò che circonda l'operatore, facile reperimento di materiali e utensili.

Un sistema suggerito dal TPS per la creazione dell'ordine è l'applicazione delle 5S. Il nome deriva dalle iniziali di cinque termini giapponesi: *Seiri, Seiton, Seiso, Seiketsu, Shitsuke*. *Seiri* significa "separare", cioè distinguere gli elementi (utensili, componenti, materiale operativo, manuali) utili da quelli inutili all'interno del reparto produttivo (tenere solo ciò che serve realmente). *Seiton* significa "ordinare", cioè mettere in ordine gli strumenti, gli attrezzi e tutto ciò che deve essere utilizzato in prossimità della postazione di lavoro, in modo da renderne semplice e rapido l'utilizzo da parte di tutti gli operatori (creare un posto per ogni cosa).

Con il *Seiri* e il *Seiton* si crea una postazione di lavoro ergonomica in cui l'operatore riesce a trovare tutto ciò che serve nel minimo "raggio d'azione", che potrebbe essere rappresentato dalla lunghezza del proprio braccio. Questo porta a un minore affaticamento (riduzione al minimo di spostamenti o piegamenti), a un lavoro più rilassato quindi a una qualità totale maggiore (maggiore produttività e migliore produttività).

Seiso significa "pulire", cioè mantenere pulito il posto di lavoro, attraverso ispezioni continue e sistematiche delle macchine e delle attrezzature. La pulizia del posto di lavoro porta all'individuazione di eventuali anomalie in tempi più brevi. Per esempio, una perdita d'olio da parte di una macchina verrebbe immediatamente identificata.

Seiketsu significa "standardizzare", cioè rendere semplici, di facile comprensione e applicazione le procedure da compiere da parte di ogni operatore. In pratica, l'ordine ottenuto attraverso l'applicazione delle "S" precedenti non deve essere visto come un'attività una tantum bensì come una regola da mantenere nel tempo. Infatti, nel *Shitsuke* si parla del "rispetto" dei modelli con la propensione a un miglioramento continuo. Le regole definite non devono rimanere inalterate, ma devono essere messe in discussione per potere puntare all'eccellenza.

Nell'ambito delle 5S si deve citare la strategia "*Red Tag Attack*" (l'apporre l'etichetta rossa). Tale strategia consiste in un gruppo di persone che passeggiando all'interno della realtà produttiva attaccano un'etichetta rossa su qualsiasi cosa non sia stata usata negli ultimi 30 giorni. Se qualcuno ritiene che l'articolo che è stato segnalato debba essere mantenuto, tale scelta deve essere giustificata al proprio superiore altrimenti l'articolo viene eliminato dalla realtà produttiva.

7. SCORTE

Con scorte vengono identificati quegli elementi all'interno del sistema aziendale che giacciono fermi, in attesa di un'azione successiva che può essere un processo di lavorazione oppure una attività di trasporto, di distribuzione o vendita. La variabilità in tutte le sue forme (domanda, consumo, difettosità, etc.)è la principale causa dell'insorgere delle scorte. Le scorte consentono di garantire la continuità del processo produttivo, qualora la produzione sia discontinua o caratterizzata da un numero elevato di tipologie di prodotto. Tuttavia il periodo di magazzinaggio è un tempo durante il quale non viene aggiunto alla merce alcun tipo di valore. Le scorte sono un elemento di particolare interesse per qualsiasi sistema produttivo, in quanto non è mai possibile farne completamente a meno. Richiedono maggiore difficoltà per la loro riduzione e necessitano pertanto un'attenzione maggiore rispetto a tutti gli altri tipi di spreco.

Esistono tre diversi tipi di scorte: le scorte di materie prime, le scorte di semilavorati (Work In Process) e le scorte di prodotti finiti.

Le materie prime alimentano il sistema e permettono ad esso di funzionare. Senza di esse la produzione si ferma, tuttavia un eccesso di materie costituisce una riduzione della liquidità finanziaria oltre che un'occupazione di spazio.

I semilavorati contribuiscono al livellamento della produttività aziendale garantendo un controllo di della variazione di disponibilità di manodopera o di contenere i tempi morti per eventuali guasti dei macchinari. Mantenere scorte di semilavorati per i processi più inaffidabili consentirà di continuare le operazioni a valle ed a monte del macchinario, durante la sua riparazione.

Infine ci sono scorte di prodotti finiti. Le ragioni per mantenere scorte di prodotti finiti sono principalmente legate al garantire protezione dalla variabilità della domanda. La domanda del mercato è generalmente incerta e dipende da molteplici fattori, livelli precisi di domanda sono impossibili da stabilire anche con le migliori tecniche revisionali. Scorte di sicurezza di prodotti finiti consentono di garantire la fornitura di prodotti anche in presenza di picchi di domanda inattesi.

In un'azienda non è possibile eliminare le scorte, tuttavia risulta essere fondamentale trovare il giusto bilanciamento tra scelte che possono portare a un over-stock da quelle che possono portare a una rottura di stock (esaurimento della scorta a magazzino). Per quanto riguarda le materie prime il cambiamento proposto suggerisce di instaurare un rapporto di Just-in-Time con i propri fornitori.

Tale modello consiste nell'avviare delle strategie finalizzate ad aumentare la frequenza degli approvvigionamenti a fronte di una riduzione delle quantità rifornite. In tal modo vengono ridotti gli stock di materia prima depositati nei magazzini di ingresso. Il rapporto con i fornitori deve essere di stretta partnership, basato sulla fiducia reciproca, impostato su una collaborazione di medio lungo termine. La scelta dei fornitori con cui sviluppare il Just-In-Time non deve essere casuale bensì devono essere valutate opportunamente la capacità produttiva del fornitore, l'affidabilità delle forniture, la qualità dei prodotti riforniti e la distanza delle sedi (maggiore è la distanza e minore è la probabilità di mantenimento degli standard di fornitura)

Per quanto riguarda la presenza di materiali in fase di lavorazione (semi-lavorati), valgono anche in questo caso le considerazioni presentate precedentemente relative al bisogno di trovare il giusto trade-off tra l'obiettivo di ridurle al minimo e la necessità di mantenere dei WIP per evitare di dovere bloccare la produzione. Il cambiamento deve prendere in considerazione tendenzialmente la possibilità di mettere in atto il flusso ideale dell' one-piece-flow, ovvero l'eliminazioni dei lotti di produzione. Tale situazione, tipica delle linea di produzione, elimina i buffer di semilavorati presenti tra le varie fasi di lavorazione sincronizzando la produzione con la domanda (Takt Time). Infine, nel caso degli stock di prodotti finiti, il sistema per tenere sotto controllo la quantità stoccata è quella di mettere in uso il sistema a Kanban già precedentemente descritto.

In sintesi, per quanto riguarda i magazzini in ingresso e in uscita vi è il bisogno di integrare le relazioni sia a monte che a valle. Integrare significa comunicare attraverso un canale comune, condividere dati e informazioni per meglio prevedere il mercato e collaborare per valutare in sinergia con clienti e fornitori le strategie migliori per vincere la concorrenza.

8. DIFETTI

Tale spreco si manifesta nel caso in cui il prodotto lavorato non rispetta le condizioni di qualità. I difetti rallentano la produzione ed incrementano il lead time. Le difettosità si configurano come sprechi perché richiedono, nel caso il prodotto venga scartato, il fabbisogno di risorse inutili (materia prima, risorse umane), oppure "appesantisce" la produzione nel caso in cui il prodotto difettoso debba subire delle rilavorazioni. Se nell'impianto produttivo non sono presenti validi e sistematici metodi di controllo, c'è il rischio che la difettosità non sia identificata e il pezzo subisca tutto il processo di lavorazione inutilmente, comportando un elevato onere finanziario per l'azienda. Inoltre, se il difetto non viene rilevato neppure al termine della fase produttiva c'è il rischio che il prodotto finito difettoso raggiunga il cliente, con tutte le conseguenze e i rischi in termini di immagine per l'azienda.

La riduzione delle difettosità può essere ottenuta adottando dei dispositivi Poka Yoke (a prova di stupido o fool-proof) i quali sono strumenti che mirano a rendere più semplici e meno soggette ad errore le attività manuali di fabbricazione. Si tratta spesso di semplici accorgimenti che consentono all'operatore di verificare la correttezza delle operazioni che stanno per essere compiute o che sono appena state terminate. Questi dispositivi contribuiscono anche a mantenere la sicurezza dell'operatore e del posto di lavoro. Esempi tipici sono: dime, calibri fissi, blocchetti di controllo, tamponi di verifica fori, contenitori sagomati con l'esatta forma e numero dei componenti che poi devono essere assemblati.

Un'altra strategia destinata alla riduzione delle difettosità è la motivazione del personale per spingerlo alla ricerca della perfezione. In caso di prodotto non conforme l'addetto deve avere la possibilità di fermare il processo produttivo e con tutto il team si deve trovare l'origine del problema. Per questo si devono dotare impianti e macchine di dispositivi adatti di fermata in presenza di condizioni di non qualità, ma per fare questo si deve responsabilizzare l'operatore nella qualità del proprio operato e renderlo indipendente dagli altri operatori.

9. LE PRIORITÀ AGLI INTERVENTI LEAN NEI MAGAZZINI

Anche nei magazzini l'approccio Lean può portare notevoli benefici in quanto va a migliorare delle situazioni che rappresentano sprechi, come il caso in cui sia necessario dedicare tempo alla ricerca dei colli, alcuni colli si possano danneggiare durante le operazioni di stoccaggio o prelievo, le informazioni non siano corrette (allineamenti flussi fisici e flussi informativi) oppure alcune attività risultino essere molto lunghe in termini d tempo. Le metodologie sono orientate alla praticità, alla soluzione del problema o della criticità laddove il problema si manifesti.

Il processo di soluzione prevede la costituzione di un gruppo di lavoro formato da sette/otto persone di diversa esperienza e appartenenti a funzioni differenti, meglio se ogni funzione è rappresentata da un rappresentante. Se il miglioramento si focalizza sul magazzino è necessaria la presenza di un operatore di magazzino e del responsabile, oltre che un rappresentante della produzione, un commerciale, un amministrativo, uno dell'area qualità, uno degli acquisti. La disomogeneità dei ruoli e delle competenze possedute dalle persone del team permette di arrivare a delle soluzioni ad alto contenuto di "innovazione".

Il lavoro del gruppo è l'analisi di un processo specifico evidenziando le criticità e gli sprechi. Secondo quanto affermato nella filosofia Lean, la soluzione delle criticità deve essere rapida e semplice, ovvero deve concretizzare un risultato nel più breve tempo possibile al minor costo possibile. La fase di analisi che avviene sul campo genera una lista di criticità che dal gruppo verranno successivamente valutate per comprendere quali soluzioni intraprendere.

A questo punto è necessario sottolineare che nelle pratiche di miglioramento continuo si vanno a preferire quelle attività che nel più breve tempo possibile riescano a risolvere dei problemi o ad eliminare dei sprechi (chiamati anche Muda). L'approccio che si vuole sottolineare è quello conosciuto anche con l'espressione "*quick and dirty*", un modo originale e potente di concepire l'azione: realizzare i cambiamenti rapidamente, con grande dinamismo e puntando diritti al risultato, attraverso analisi rapidissime ed il coinvolgimento diretto del personale aziendale nella realizzazione delle attività di miglioramento.

Il problema del gruppo a questo punto diventa quello di scegliere la giusta sequenza di criticità da risolvere. Potrebbe essere controproducente, infatti, cercare di risolvere tutti i punti emersi soprattutto per la difficoltà oggettiva di coordinare diversi sottogruppi di lavoro. Il modello proposto con il presente lavoro e la presentazione del caso studio suggerisce un metodo per creare la giusta sequenza di priorità agli interventi.

Il modello

Il modello proposto prende spunto da una tecnica di valutazione del rischio conosciuta con l'acronimo FMEA (*Failure Mode and Effect Analisys*), tecnica sviluppata negli USA nei primi anni cinquanta.

Per quanto riguarda il modello di priorità per gli interventi lean si può utilizzare un processo di calcolo molto simile a quello usato per il FMEA. In questo caso verranno rinominati e ridefiniti i fattori suggeriti:

- Costo: alla base di tutte le valutazioni di investimento, il fattore costo è quello che più spesso vincola la realizzazione dei progetti. Un costo alto vincola la soluzione alla criticità, mentre costi bassi o costi nulli permettono di adottare in tempi brevissimi il miglioramento proposto.
- Tempo: parametro che vuole indicare la durata del progetto o il tempo necessario a implementare la soluzione proposta.. Purtroppo nell'economia attuale è sempre più richiesta una maggiore flessibilità per cui diviene necessario arrivare agli obiettivi con tempi rapidi e certi.
- Difficoltà/Competenze: in altre parole potrebbe essere espresso come un indice di fattibilità che tiene in considerazione gli impatti organizzativi necessari all'attuazione del progetto oltre che la disponibilità interna di competenze. Competenze esterne e difficili da reperire sul mercato vincolano il miglioramento a differenza di attività sviluppate in autonomia grazie a personale in possesso delle competenze necessarie.

Disponibilità di sistemi tecnologici: Anche se la disponibilità tecnologica è molto ampia e può andare oltre le esigenze di chi la deve applicare, è pur sempre vero che in molti casi si potrebbero avere soluzioni poco sperimentate che richiedono applicazioni e/o personalizzazioni difficili da realizzare. Risulta quindi necessario valutare separatamente l'aspetto tecnologico da quello delle competenze, quest'ultimo più orientato invece al fattore umano.

Una volta valutati le singole criticità in base al costo della soluzione, al tempo per raggiungere l'obiettivo definito, alla definizione delle competenze e alla verifica della tecnologia necessaria, l'indice di priorità è il prodotto dei parametri precedentemente esposti. Ogni parametro può assumere un valore che va da 1 a 5, dove 1 è la situazione più favorevole e 5 quella più ostile. Così come succede per il FMEA, la sua determinazione può sembrare molto soggettiva. Appunto per questa caratteristica, la sua valutazione deve essere fatta da un gruppo interfunzionale, tipico dei gruppi Kaizen che si formano nelle aziende. Nel caso esposto di seguito vengono messi in evidenza i passaggi operativi necessari per l'applicazione del metodo proposto.

Il caso

Il caso proposto si riferisce a un'azienda metalmeccanica. L'obiettivo del lavoro è stato quello di identificare delle criticità presenti nel magazzino e trovare alcuni spunti per il miglioramento. La prima fase ha analizzato il flusso di scarico, accettazione, controllo e stoccaggio del materiale evidenziando circa una ventina di proposte di miglioramento. In questo lavoro, a titolo di esempio, se ne elencano tre.

Num.	Ambito	Evidenze	Spreco	Miglioramento proposto
1	Scarico	Vi sono dei picchi di arrivo della merce da fornitore che creano ritardi nello scarico e possibilità di danneggiamento merce	Processo: lo scarico occupa risorse in eccesso. Attese (tempi lunghi): il tempo di scarico è stato giudicato essere lungo	Definire delle finestre temporali per lo scarico della merce al fine di organizzare al meglio le risorse interne
2	Accettazione	Non è chiaro visivamente l'ordine di entrata della merce; necessario controllare la documentazione.	Processo; Attese: il materiale potrebbe attendere di essere controllato e stoccato; Difettosità: la produzione potrebbe prelevare dei pezzi dall'area di accettazione creando la necessità di rettifiche delle giacenze	Mettere i documenti di trasporto bene in vista secondo una logica FIFO
3	Controllo	Il controllo della merce in entrata richiede la lettura delle etichette apposte sui colli	Attese: la lettura è lenta e potrebbe inserire degli errori;	Implementare un sistema con etichette RFID

Figura 50: Alcune tipologie di sprechi evidenziati in un'azienda

Una volta creati definiti gli ambiti di miglioramento e descritte le possibili soluzioni alle criticità evidenziate si creano delle tabelle di riferimento, necessarie per la valutazione dei quattro fattori fondamentali. A seguito di una riunione aziendale, si è convenuto che i range di valutazione siano su 5 livelli, dove il valore "1" rappresenta la situazione più favorevole (bassissima difficoltà) e il valore "5" quella più sfavorevole. La definizione delle tabelle è una fase importante del processo di valutazione delle priorità in quanto permette al modello proposto di aumentare la sua oggettività.

Relativamente al parametro Tempo, l'azienda ha ritenuto che la situazione più sfavorevole per portare a termine un'azione di miglioramento sia quando la durata stimata è superiore ai due mesi (valore attribuito 5). Diversamente, se il miglioramento avviene in una settimana allora il valore viene definito è 1. Di seguito la tabella concordata in azienda.

Parametro Tempo	Valore
Il tempo di realizzazione del progetto è stimato essere inferiore a una settimana	1
Il tempo di realizzazione del progetto è stimato essere inferiore alle due settimane	2
Il tempo di realizzazione del progetto è stimato essere superiore alle due settimane e inferiore alle quattro settimane	3
Il tempo di realizzazione del progetto è stimato essere superiore alle quattro settimane e inferiore alle otto settimane	4
Il tempo di realizzazione del progetto è stimato essere superiore alle otto settimane	5

Figura 51: Valutazioni del parametro Tempo

La determinazione delle fasce di costo dipendono fortemente dalla tipologia di azienda e dalla propensione all'investimento. L'azienda del caso ha optato per definire svantaggioso il progetto che ha un costo superiore a 10.000 €, mentre la condizione più vantaggiosa è quando l'investimento richiesto è inferiore a 1.000 €.

Parametro Costo	Valore
Il costo di realizzazione del progetto è stimato essere inferiore a 1000 Euro	1
Il costo di realizzazione del progetto è stimato essere superiore a 1000 Euro e inferiore a 3000 Euro	2
Il costo di realizzazione del progetto è stimato essere superiore a 3000 Euro e inferiore a 6000 Euro	3
Il costo di realizzazione del progetto è stimato essere superiore a 6000 Euro e inferiore a 10.000 Euro	4
Il costo di realizzazione del progetto è stimato essere superiore a 10.000 Euro	5

Figura 52:Valutazioni del parametro Costo

La componente Difficoltà/Competenze ha valore 1 quando il progetto può essere affrontato con le sole competenze interne all'azienda. Il parametro assume il valore 5 quando è necessario rivolgersi a strutture esterne in possesso delle competenze necessarie per risolvere la criticità, ma è anche difficile specificare il progetto.

Parametro Difficoltà/Competenze	Valore
Il progetto non dimostra alcuna difficoltà di realizzazione né il fabbisogno di competenze specifiche	1
Il progetto ha lievi difficoltà di realizzazione la cui gestione può essere attribuita a risorse interne specifiche	2
Il progetto ha medie difficoltà di realizzazione la cui gestione può essere attribuita a risorse interne specifiche. Può essere necessaria una formazione specifica.	3
Il progetto ha alte difficoltà di realizzazione la cui gestione non può essere attribuita a risorse interne specifiche. Diviene essere necessaria una formazione specifica.	4
Il progetto risulta essere scarsamente specificabile e internamente non sono presenti le competenze necessarie per la sua realizzazione	5

Figura 53: Valutazioni del parametro Competenze

Infine, per l'aspetto tecnologico, se il progetto non necessita di tecnologie il valore attribuito è 1, mentre se il progetto necessita di tecnologie innovative al momento non sperimentate o scarsamente sperimentate nel settore di appartenenza il valore è 5.

Parametro Sistemi Tecnologici	Valore
Il progetto non necessita di sistemi tecnologici specifici	1
Il progetto necessita di leggeri adeguamenti dei sistemi tecnologici esistenti	2
Il progetto necessita di pesanti interventi per l'adeguamento dei sistemi tecnologici esistenti	3
Il progetto necessita di nuovi sistemi tecnologici presenti nel mercato e ampiamente sperimentati	4
Il progetto necessita di tecnologie innovative al momento non sperimentate o scarsamente sperimentate nel settore di appartenenza.	5

Figura 54: Valutazione del parametro Tecnologia

Definiti gli ambiti di miglioramento e le tabelle di riferimento, per ciascuna criticità si esprime una valutazione in termini di Costo, di Tempo, di Competenze e di Tecnologia.

Num.	Ambito	Evidenze	Miglioramento proposto	Cos	Tem	Com	Tec	Priorità
1	Scarico	Vi sono dei picchi di arrivo della merce da fornitore che creano ritardi nello scarico e possibilità di danneggiamento merce	Definire delle finestre temporali per lo scarico della merce al fine di organizzare al meglio le risorse interne	1	4	1	1	4
2	Accettazione	Non è chiaro visivamente l'ordine di entrata della merce; necessario controllare la documentazione.	Mettere i documenti di trasporto bene in vista secondo una logica FIFO	1	1	1	1	1
3	Controllo	Il controllo della merce in entrata richiede la lettura delle etichette apposte sui colli	Implementare un sistema con etichette RFID	5	5	4	5	500

Figura 55: Calcolo degli indici di priorità

Per il problema 1 si vogliono definire delle finestre temporali per permettere lo scarico della merce in arrivo dai fornitori. Questa iniziativa permetterebbe di organizzare le risorse interne al meglio evitando di distogliere una persona dal lavoro intrapreso per gestire le operazioni di scarico. Il progetto non ha costi di implementazione (valutazione 1), anche se sarà necessario coinvolgere i fornitori e ci vorrà del tempo (più di quattro settimane = 4). Non sono richieste particolari competenze né tecnologie (ad entrambe le voci si è attribuito il valore 1). Il calcolo del parametro di priorità diviene il prodotto di 1*4*1*1 = 4.

Per il problema 2, per organizzare la fase di accettazione si crea un tabellone in cui si appendono le bolle della merce, invece di mettere le bolle in un cassetto. Questo permette di avere un riscontro visivo della merce arrivata, ma non ancora inserita a gestionale. Il tabellone si può fare con materiale disponibile in casa (costo = 1), nel giro di una giornata (tempo = 1), senza ricorrere a risorse esterne o tecnologie particolari (competenze = 1; tecnologie = 1). Il valore del parametro priorità è pari a 1.

Infine, per il problema 3 si vuole gestire il flusso di merce in arrivo etichettando i colli con delle etichette RFID. Il materiale in arrivo è a forte conduttività, per cui potrebbe creare dei problemi di lettura. In questo caso la creazione del software e hardware ha un costo superiore a 10.000 € (costo = 5), il tempo di realizzazione è sicuramente superiore ai due mesi (tempo = 5), sono necessarie competenze esterne e (competenze = 4) e l'aspetto tecnologico è ancora in fase di sperimentazione (tecnologia = 5). Indice di priorità = 500.

La valutazione degli indici di priorità porta a trovare la soluzione al punto n.2: con assenti investimenti e in modo rapido si elimina una criticità. A obiettivo raggiunto ci si potrà dedicare al problema n.1. Un indice troppo elevato come nel caso 3 potrebbe essere sinonimo di alto rischio o risultati poco certi al problema.

Capitolo Nono
9. Sistemi di Movimentazione

Grado di difficoltà: ★☆☆ *Basso*

1. INTRODUZIONE

I sistemi di movimentazione sono indispensabili in qualsiasi magazzino per potere spostare la merce da una posizione a un'altra. Tra i sistemi di movimentazione si vedranno i transpallet, i carrelli elevatori, gli Automated Guided Vehicle (AGV) e i convogliatori.

Il sistema di movimentazione interna è fondamentale per garantire che il prodotto giusto sia al posto giusto nel giusto momento. Un sottodimensionamento della loro dotazione comporta perdite di tempo e congestionamenti di operazioni (colli di bottiglia), quindi rallentamenti, nelle normali attività di gestione del magazzino stesso.

Dal momento che si prenderanno in esame veicoli o sistemi comandati dall'uomo e veicoli indipendenti è necessario sottolineare che una maggiore automazione penalizza la flessibilità aziendale, ovvero la capacità di fare cambiamenti in breve tempo. Solo a titolo dimostrativo si può quindi rappresentare su un grafico la relazione esistente tra flessibilità e automazione. La condizione che si vuole raggiungere Può essere posta solo sulla linea obliqua: bassi livelli di automazione significano alta flessibilità, alti livelli di automazione significano bassa flessibilità.

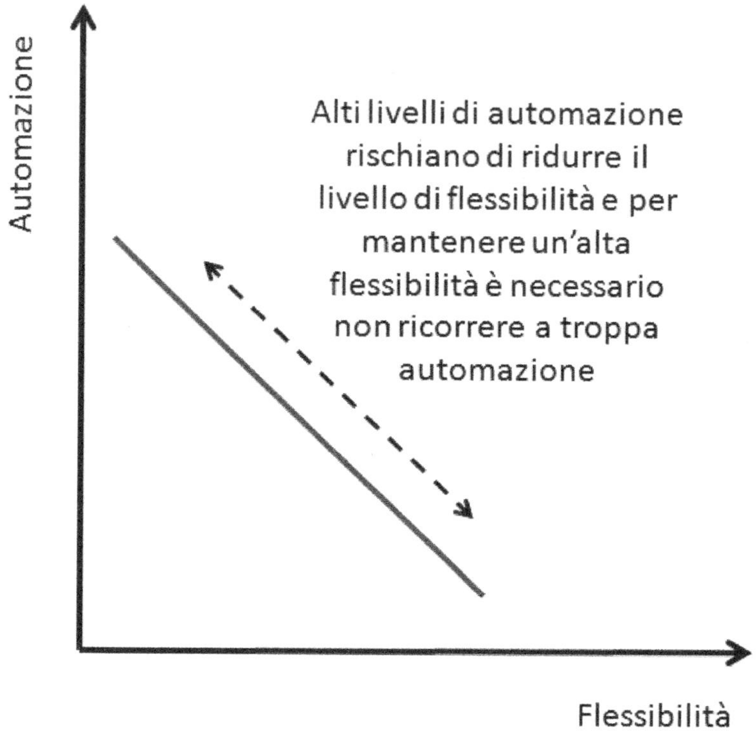

Figura 56: Relazione tra flessibilità aziendale e Automazione

Da sottolineare comunque che queste due variabili non devono essere le sole che vengono considerate, vale la pena considerare anche la velocità, la precisione, il rischio di danneggiamento del prodotto o della merce movimentata.

In sintesi:

L'ottimizzazione dei trasporti interni è un problema rilevante nelle imprese di tutte le dimensioni:

- Hanno diretta incidenza sui costi di fabbricazione, sulle condizioni di lavoro e di sicurezza degli addetti, sulla produttività, sull'utilizzazione dello spazio e degli impianti, sul livello tecnico dell'azienda.
- Non aumentano il valore dei prodotti finiti, ma ne accrescono il costo, una buona sistemazione dei reparti produttivi dovrebbe sempre condurre ad un minimo di trasferimenti e di riprese dei materiali, evitando congestioni, ritardi e trasporti inutili.

Suggerimento operativo:

Prima di acquistare un sistema di movimentazione fate un'analisi dello stato del magazzino o dell'area produttiva che necessita del sistema di movimentazione.

- Che materiali devo trasportare: Solidi Liquidi
- In che contenitore è solitamente imballato il prodotto da trasportare: Pallet, Cassa (bin), Cartone,
- Le dimensioni e i formati della merce da movimentare: standard, sempre differente
- Il peso dei prodotti da movimentare:
- Rischio di danneggiamento: Basso, Alto
- Frequenze di movimentazione: Bassa, Alta
- A che livello devo portare/prelevare la merce : a terra, max 2 metri, oltre i 2 metri
- Quante persone devono movimentare la merce contemporaneamente: determinare un numero preciso.

L'analisi proposta consente di essere il più precisi possibile nel momento in cui si va a scegliere il sistema di movimentazione più adatto.

Suggerimento operativo:

Per comprendere se la dotazione di carrelli è sufficiente, si consiglia di osservare/rilevare in momenti diversi e senza particolari considerazioni per valutare se nell'azienda accadono una o più di una di queste situazioni:

- Operatore fermo perché il dispositivo di movimentazione è occupato da altro operatore;
- Operatore fermo o fase di produzione ferma in attesa che gli arrivi il prodotto;
- Merce ferma in attesa di essere trasferita;

- Danneggiamento o smarrimento di merce.

Ciascuna di queste situazioni mette in evidenza una carenza o un sottodimensionamento dei mezzi di movimentazione.

2. CARRELLI

Sono utilizzati in genere per il trasferimento di merce sfusa, poco pesante e servono per il trasferimento della merce stessa.

Punti di Forza:

- Sono economici
- Hanno dimensioni contenute
- Esistono in commercio un elevato numero di tipologie

Punti di debolezza

- Non adatti per prodotti molto pesanti
- Non adatti per i pallet

Alcuni esempi:

Nel settore dell'occhialeria il trasferimento da una fase produttiva all'altra è generalmente garantito da un carrello su cui vengono impilati dei vassoi di polistirolo che contengono 24 paia di occhiali.

Nelle aziende di abbigliamento i capi passano da una fase di confezionamento all'altra grazie all'utilizzo di carrelli dotati di sponde in cui vengono messi i capi da lavorare.

3. TRANSPALLET

Sono impiegati per la movimentazione di pedane, pallet e colli aventi forma opportuna, su cui possono essere utilizzate le forche di cui sono dotati. Il transpallet può essere manuale (la movimentazione viene garantita dalla spinta dell'operatore) o elettrico (un elettro-idraulico permette di sollevare il prodotto e un motore elettrico permette di spostarlo orizzontalmente).

Punti di forza:

- Sono caratterizzati da spazi di manovra limitati;
- Facilità di utilizzo;
- Un ridotto ingombro;
- Elevata precisione di posizionamento.

Punti di debolezza:

- Modeste velocità di traslazione;
- Modestissime altezze di sollevamento (12cm).

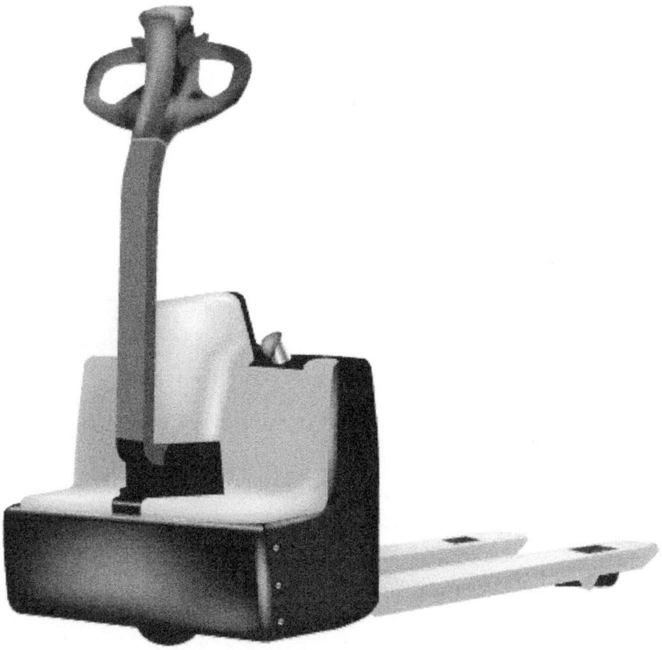

Figura 57: Esempio di Transpallet [tratto dal Repertorio dei Fornitori di Logistica – Riv. Logistica - Tecniche Nuove]

Alcuni esempi:

Usati in tutte le aziende per movimentare i pallet è comune vederli spesso nei supermercati per il riallestimento degli scaffali.

4. TRANSPALLET CON ELEVATORE

Del tutto simile al caso precedente, questo transpallet permette di sollevare la merce al massimo di un'altezza pari a 2 metri, grazie a delle forche per il sollevamento Oltre a questo, tutte le altre caratteristiche sono del tutto simili.

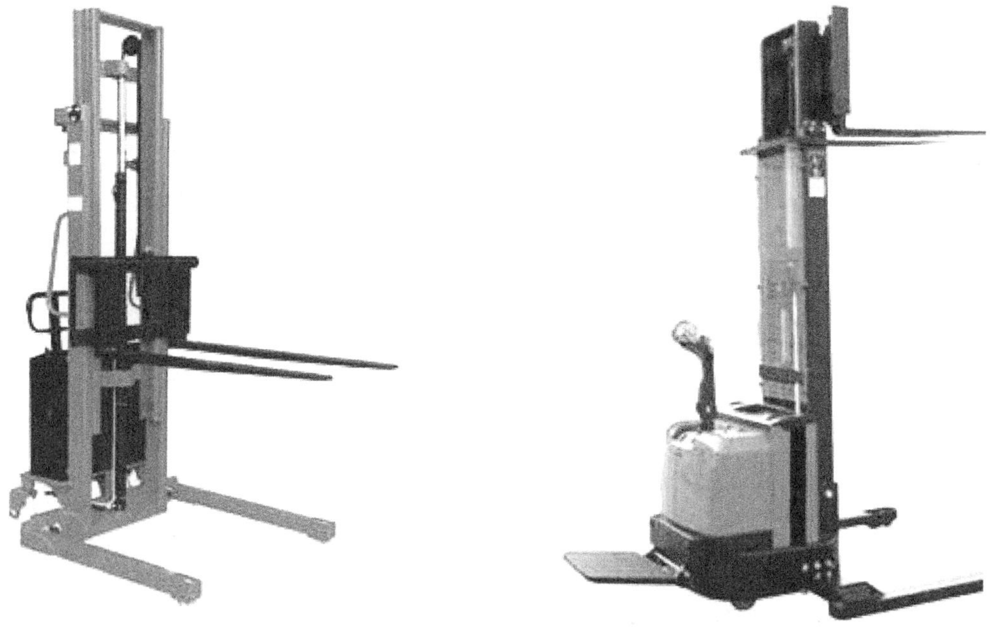

Figura 58: Esempi di transpallet elevatori

5. CARRELLI ELEVATORI

Viene anche denominato carrello a forche frontali o muletto. Il sistema di azionamento può essere con motore:

- elettrico (in corrente continua o alternata)
- termico (con alimentazione a gasolio, benzina o gas liquido)

Sono motorizzati sia il movimento di sollevamento sia quello di traslazione. Le forche sono montate su un'apposita piastra scorrevole lungo un montante verticale. Il carrello elevatore è il sistema più flessibile e largamente utilizzato per la movimentazione della merce a magazzino. La sua utilità è fondamentalmente legata al fatto di potere traslare sia orizzontalmente che verticalmente la merce. La scelta del carrello è un processo delicato da non sottovalutare perché potrebbe essere responsabile di prestazioni di magazzino non ottimali. Un carrello non adatto, infatti, potrebbe richiedere corridoi di manovra molto ampi, riducendo la capacità di stoccaggio, mentre un carrello sottodimensionato potrebbe rendere complesse le attività di movimentazione.

Figura 59: Alcuni esempi di carrelli elevatori [tratto dal Repertorio dei Fornitori di Logistica – Riv. Logistica - Tecniche Nuove]

Per scegliere il carrello più adatto è necessario considerare:

- Merce da trasportare. I carrelli generalmente sono dotati di forche per i materiali palletizzati, ma vi possono essere casi in cui è necessario utilizzare pinze (come nel caso degli elettrodomestici o nel caso di trasporto di barili), ganci, perni (come nel caso della movimentazione dei coils nelle aziende siderurgiche)

- Larghezza dei corridoi su cui i carrelli dovranno operare.

- Altezza di sollevamento delle forche, per permettere di stoccare all'ultimo livello degli scaffali.

- Massimo carico da trasportare.

Carrello a forche frontali

Le forche si infilano sotto la base del pallet da sollevare ed il montante si inclina leggermente all'indietro (brandeggio), verso il carrello, per garantire una maggiore stabilità al carico.

Punti di forza

- polivalente/flessibile
- economico
- elevata velocità
- facilità di manovra

Punti di debolezza

- elevato spazio richiesto per il passaggio tra i corridoi di stivaggio
- limitata altezza di sollevamento (max 5/7 metri).

Figura 60: Carrello a forche frontali [tratto dal Repertorio dei Fornitori di Logistica – Riv. Logistica - Tecniche Nuove]

Alcuni esempi

Per la loro versatilità sono particolarmente adatti in contesti aziendali di piccoli dimensioni. Sono presenti in tutti i magazzini, in particolare quelli della grande distribuzione organizzata (GDO) dove vengono utilizzati per le operazioni di stoccaggio o di abbassamento (prelievo del pallet dai piani alti dello scaffale e messa a livello di prelievo).

6. CARRELLI ELEVATORI A FORCHE RETRATTILI

Il funzionamento è del tutto simile a quello a forche frontali. Il vantaggio deriva da un meccanismo che è in grado di retrarre le forche diminuendo le esigenze degli spazi di manovra.

Punti di forza

- consentono di operare in corridoi più stretti rispetto ai carrelli tradizionali (incremento degli indici di utilizzazione dei magazzini)
- buona flessibilità operativa
- elevazione del carico attorno ai 7/8 metri

Punti di debolezza

- meno veloci di quelli frontali
- le ruote sono in materiale plastico, per tanto a differenza dei carrelli dotati di pneumatici è consigliabile che la pavimentazione sia liscia e priva di buche (impiego limitato esclusivamente all'interno dei fabbricati)

Figura 61: Carrello elevatore e forche retrattili [tratto dal Repertorio dei Fornitori di Logistica – Riv. Logistica - Tecniche Nuove]

Alcuni esempi

Usati prevalentemente nei magazzini ad alta capacità, in cui le altezze di stoccaggio sono elevate. Si trovano quindi in magazzini con scaffalature che possono arrivare anche ai 10 metri di altezza.

7. CARRELLI A FORCHE BILATERALI E TRILATERALI

Vengono considerati come i carrelli più adatti per raggiungere grandi altezze di scaffale. Sia il carrello bilaterale che trilaterale non richiede, per la posa e la ripresa dei carichi di magazzino, la sterzatura del veicolo nei corridoi tra gli scaffali. Il carrello avanza avanti e indietro mentre un dispositivo permette alle forche di fare prelievi sulla destra sulla sinistra del corridoio, mentre il trilaterale consente anche la presa frontale. I corridoi quindi sono molto stretti e questo permette di aumentare la capacità di stoccaggio del magazzino. Inoltre, il montante particolarmente robusto consente un sollevamento fino a 13 -14 metri. Per migliorare il lavoro e aumentare la sicurezza, i carrelli possono essere guidati da rotaie di contrasto installate a pavimento oppure da un campo magnetico. Il corridoio deve essere progettato di una larghezza superiore di 10-15 cm la larghezza del carrello.

Punti di Forza

- Corridoi molto stretti rispetto alle forche frontali (circa il 40% in meno)
- Elevazione del carico dai 10 ai 13 metri
- Guida assistita da rotaie a campo magnetico o a contrasto

Punti di Debolezza

- Costi elevati
- Adatto per ambienti interni
- Si consiglia di lavorare in ridondanza con i carrelli, ciò significa che bisogna prevedere la possibilità di non bloccare l'operatività del magazzino se un carrello è in manutenzione.

Figura 62: Carrello elevatore trilaterali [tratto dal Repertorio dei Fornitori di Logistica – Riv. Logistica - Tecniche Nuove]

Alcuni Esempi

Questa tipologia di carrelli rappresenta la soluzione ottimale per magazzini intensivi.

Carrello	Portata (Kg)	Altezza di sollevamento (m)	Larghezza minima del corridoio (m)
Frontale	1500	Da 5 a 7	3,10
Frontale	2000	Da 5 a 7	3,20
Retrattile	1600	Da 7 a 8	2,30
Retrattile	2000	Da 7 a 8	2,50
Bilaterale	1500	Fino a 12	1,65
Trilaterale	1500	Fino a 12	1,80

Tabella 2: Confronto tra le diverse tipologie di carrelli

8. COMMISSIONATORI

Sono carrelli dove l'operatore generalmente si muove su una piattaforma. Viene usato per le operazioni di picking, quindi per il prelievo di prodotti o colli e la preparazione di un ordine. Generalmente l'operatore (picker) gira nel magazzino con il carrello. Il carrello è dotato di forche su cui viene adagiato il o i pallet. Il picker gira per il magazzino con una lista di prelievo (picking list) relativa a un ordine. quando arriva in prossimità del prodotto da prelevare si ferma preleva il collo e lo deposita sul pallet. Continua in questo modo fino ad esaurire tutti i prodotti presenti sulla picking list. A questo punto il pallet è completo e può essere portato nell'area di spedizione dove verrà controllato, confezionato (filmatura) e spedito.

Nel caso la merce dal prelevare non sia "a portata di mano", ma sia posta su scaffali in altezza, il commissionatore può essere dotato di una pedana (piattaforma) che si alza e che porta l'operatore alla giusta altezza per il prelievo. La piattaforma è sollevabile fino a circa 2 metri rispetto al piano pavimento. Il pallet su cui appoggiare i colli o la merce prelevata si muove unitamente alla piattaforma con l'operatore.

Punti di Forza

- rappresentano la soluzione per gestire la preparazione di un ordine attraverso un prelievo frazionato. Viceversa consentono l'allocazione di diversa merce in diverse posizioni con un'unica missione.

- alta flessibilità

Punti di Debolezza

- rappresentano soluzioni lente

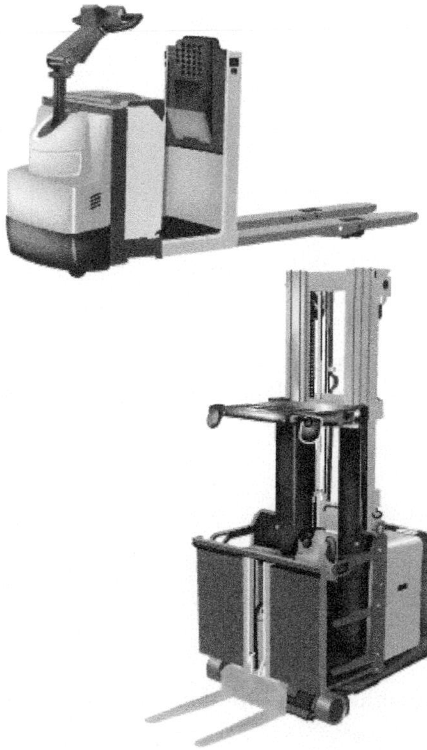

Figura 63: Carrelli commissionatori [tratto dal Repertorio dei Fornitori di Logistica – Riv. Logistica - Tecniche Nuove]

Alcuni Esempi

Nei grossi centri di distribuzione (Ce.Di.) per la grande distribuzione organizzata la preparazione dell'ordine avviene tramite carrelli commissionatori.

9. AGV (Automated Guided Vehicle)

I carrelli AGV sono sistemi di trasporto automatico innovativi che vengono guidati da calcolatori elettronici (non hanno bisogno di operatore). I sistemi di guida possono essere a percorso fisso o a percorso variabile. Per quelli a percorso fisso, la guida può essere:

- ottica, dove un lettore ottico posto a bordo del carrello segue una striscia incollata al pavimento;
- a guida induttiva, dove un cavo multipolare è posto sotto il pavimento e un'antenna a bordo carrello decodifica i metri percorsi e la posizione relativa;
- a guida meccanica in cui il carrello si sposta su una rotaia.

Vi sono poi i carrelli a percorso variabile che possono a loro volta essere distinti in:

- cartesiani, quando la superficie di lavoro viene mappata con appositi sensori posti sul pavimento in modo da costituire una griglia su cui il carrello è in grado di leggere la posizione come combinazione di due coordinate;
- laser: un proiettore di un fascio laser è posto su una cupola rotante sopra il carrello. Il fascio viene proiettato da sensori riflettenti posti attorno allo spazio destinato al carrello. I dati letti permettono il posizionamento del carrello.

Punti di Forza

- Adatti in quei contesti in cui le traiettorie su cui si spostano i carrelli sono definite e ripetitive
- Permettono un'elevata operatività data la completa indipendenza dal fattore umano
- Consentono di svolgere operazioni elementari di carico/scarico di una macchina

Punti di Debolezza

- La loro rigidità operativa dipende dal fatto che i percorsi vengono programmati attraverso sistemi informativi

- Elevato costo di implementazione e di avvio, ma basso costo di gestione.

Figura 64: Carrello AGV

Alcuni esempi

In un progetto realizzato in un'azienda cinese di fibre sintetiche, un'azienda leader ha adottato una flotta di AGV/LGV (Automatic/Laser Guided Vehicle). Questi dispositivi mettono insieme due sistemi di lettura, quello induttivo e quello laser: il primo consente un preciso posizionamento soprattutto nelle aree di tessitura dove l'alta precisione è cruciale, mentre a guida laser è utilizzata per gli altri spostamenti. La scelta ha comunque permesso di ridurre al minimo gli interventi inerenti la preparazione delle superfici di lavoro (p.e. la sistemazione delle guide induttive).

Gli AGV/LGV progettati possono essere distinti in:

- Tipo 1, destinato al rifornimento di bobine prima della fase di tessitura;

- Tipo 2 Doffmaster, destinato al prelievo delle bobine di prodotto tessuto.

Le bobine destinate alla tessitura vengono automaticamente prelevate da un magazzino a carosello orizzontale [vedere magazzini a carosello] e depositate su un raccoglitore (creel) che ne può ospitare fino a 12. Questi raccoglitori, una volta completi, sono pronti per trasportare i semilavorati in area di tessitura. Il compito dell'AGV/LGV di Tipo 1 è quello di caricare tre raccoglitori completi e andare ad alimentare la macchina di tessitura nel momento in cui il semilavorato viene ad esaurirsi. Un vantaggio dell'AGV/LGV di Tipo 1 è quello di riuscire a compiere tre missioni di rifornimento prima di ritornare a scaricare i creel vuoti e prelevare ulteriori creel pieni, ottimizzando in questo modo le missioni e velocizzando il rifornimento.

Una volta che il filato viene tessuto, vengono realizzate delle nuove bobine che a questo punto devono essere prelevate dall'AGV/LGV di Tipo 2. L'AGV/LGV di Tipo 2 è progettato per riuscire a prelevare contemporaneamente 6, 12 o 18 bobine di filo tessuto, ma può stoccare al suo interno e trasportare fino a 72 bobine. Le bobine vengono prelevate da attraverso un sistema caratterizzato da delle appendici che possono essere paragonate alle dita di una mano (fingers). Il DoffMaster preleva le bobine e le dispone su dei ripiani evitando qualsiasi contatto con le parti meccaniche del dispositivo, garantendo in questo modo la massima qualità e prevenendo qualsiasi possibile danneggiamento alla merce caricata.

10. ROBOT ASRS

Il Robot ASRS (Automated Storage & Retrieval System) è un dispositivo ad alta tecnologia che è in grado di realizzare un'intera missione a magazzino (prelievo, stoccaggio e movimentazione). Il veicolo attraverso collegamenti via radio viene istruito sul punto di prelievo della merce e sul punto di deposito. Il sistema muovendosi su opportuni binari o con opportuni riferimenti posti sul pavimento compie autonomamente la missione. A differenza degli AGV, il veicolo non necessita di laser per il proprio posizionamento né di antenne poste a pavimento. L'installazione in un magazzino non richiede quindi interventi infrastrutturali pesanti (canalizzazioni sul pavimento, adeguamento della pavimentazione) e costosi. A differenza dei traslo elevatori, invece, l'ASRS si può muovere sulle tre dimensioni e può essere anche spostato in nuovi ambienti di lavoro.

Il sistema è composto dal robot ASRS, da un'infrastruttura per lo stoccaggio della merce, da binari per la movimentazione dei veicoli, da corridoi di servizio e da ascensori.

Gli ASRS sono dispositivi intelligenti alimentati da batterie che si muovono su ruote lungo dei binari o su direzioni ben definite. Le ruote permettono al veicolo di spostarsi longitudinalmente e trasversalmente con traiettorie perpendicolari.

Quando le batterie esauriscono la loro carica, il veicolo autonomamente si reca in zona di ricarica. I veicoli possono essere usati anche in flotta dal momento che sono dotati di algoritmi anticollisione e si orientano nello spazio usando sistemi ottici.

I sistemi con Robot ASRS

La modularità tecnica ed economica degli ASRS e l'assenza di vincoli fisici rispetto a una delimitata area del magazzino permettono una notevole flessibilità in relazione a:

- Dimensione della superficie. È possibile ampliare il magazzino nella dimensione e nella direzione voluta in breve tempo.
- Capacità produttiva. È possibile variare la capacità produttiva, anche in riduzione, indipendentemente da contestuali cambiamenti della dimensione di magazzino. Rapidamente, mediante la semplice variazione del numero di ASRS presenti.
- Investimenti. È possibile realizzare impianti di qualsiasi natura, anche molto piccoli, grazie alla ridotta entità dell'investimento. Incrementandolo gradualmente solo in un secondo tempo nel caso di previsioni di crescita certe.
- Densità/selettività. È possibile progettare il magazzino per esigenze molto diverse tra loro, ipotizzando sia contesti con bassa densità e massima selettività sia contesti ad altissima densità e bassa selettività.

Esempi

Un modello molto interessante è stato realizzato da Zappos, un sito di commercio elettronico, che ha utilizzato nel proprio fulfillment center dei robot collegati via wireless al sistema gestionale e in grado di muoversi autonomamente sulla superficie del magazzino per portare un'unità di stoccaggio simile allo scaffale alla postazione di prelievo e imballo. Il robot realizzato dalla Kiva Systems Inc. è in grado di sollevare scaffali alti 2,5 metri e pesanti fino a, per alcuni modelli, 1.500 Kg; si muove orientandosi grazie a codici a barre posti sul pavimento. Secondo i progettisti di queste soluzioni tecnologiche, ciò che fa perdere tempo a un picker durante il suo lavoro è il trasferimento da una posizione all'altra per il prelievo. Con questi robot è stato eliminato questo tempo permettendo il raggiungimento di una produttività doppia rispetto alle situazioni tradizionali.

L'ASRV di Smoov è un dispositivo studiato interamente in Italia. La dimensione è di poco superiore a quella di un euro pallet e l'altezza non supera i 30 cm, ma è stato progettato per movimentare carichi sino a 1.500 Kg. Si muove su binari

trasportando i pallet in infrastrutture metalliche molto simili a degli scaffali drive in opportunamente adattati.
Con una soluzione Smoov ASRV è possibile realizzare magazzini automatici in contesti difficili, come locali preesistenti non realizzati a misura della tecnologia o spazi normalmente inutilizzabili, come i locali bassi. Infatti, la quasi totalità delle aziende manifatturiere e distributive si avvalgono di magazzini sistemati in locali normali, con limiti di altezza che rendono decisamente antieconomica se non impossibile l'automazione con le soluzioni tradizionali.
La tecnologia ASRV, non avendo vincoli fisici e non richiedendo quindi strutture con dimensioni speciali, può essere installata anche in spazi con presenza di pilastri e con layout complessi, dal momento che la tecnologia ASRV di Smoov si adatta facilmente a locali dalle forme più disparate e irregolari.

11. CONVOGLIATORI

I convogliatori sono sistemi di trasporto che possono essere realizzati attraverso rulliere, nastri, sistemi aerei a catena. Questi sistemi permettono lo spostamento da punto a punto di materiale senza l'intervento dell'operatore.

Essi rappresentano la soluzione ottimale nei casi in cui si hanno flussi continui di prodotti su traiettorie definite. Il flusso continuo permette di raggiungere elevate velocità di trasferimento riducendo al minimo il rischio di danneggiamento e smarrimento della merce. Ai convogliatori possono essere abbinati dei sistemi di ordinamento (sorting) in grado di distribuire un flusso di prodotti su più destinazioni. La gestione della distribuzione può essere fatta solo nel momento in cui la merce sia opportunamente riconoscibile. Il sistema più semplice è ottenuto con etichette dotate di codice a barre le quali vengono lette da sistemi ottici. I convogliatori sono particolarmente adatti quando si ricerca la velocità e la precisione.

Una volta installati i convogliatori risulta essere dispendioso cambiare la loro architettura. Si deve quindi essere in grado di progettare sistemi di trasferimento che possano funzionare al massimo delle loro prestazioni per alcuni anni. Nel caso sia difficile prevedere le evoluzioni dei flussi e soprattutto determinare un layout rigido, non è opportuno investire in questi sistemi di movimentazione.

Punti di Forza

- Velocità di trasferimento della merce
- Precisione del trasferimento
- Riduzione del rischio di smarrimento e danneggiamento della merce

Punti di Debolezza

- Rigidità delle traiettorie
- Le forme e le dimensioni della merce da trasferire devono essere prestabilite.

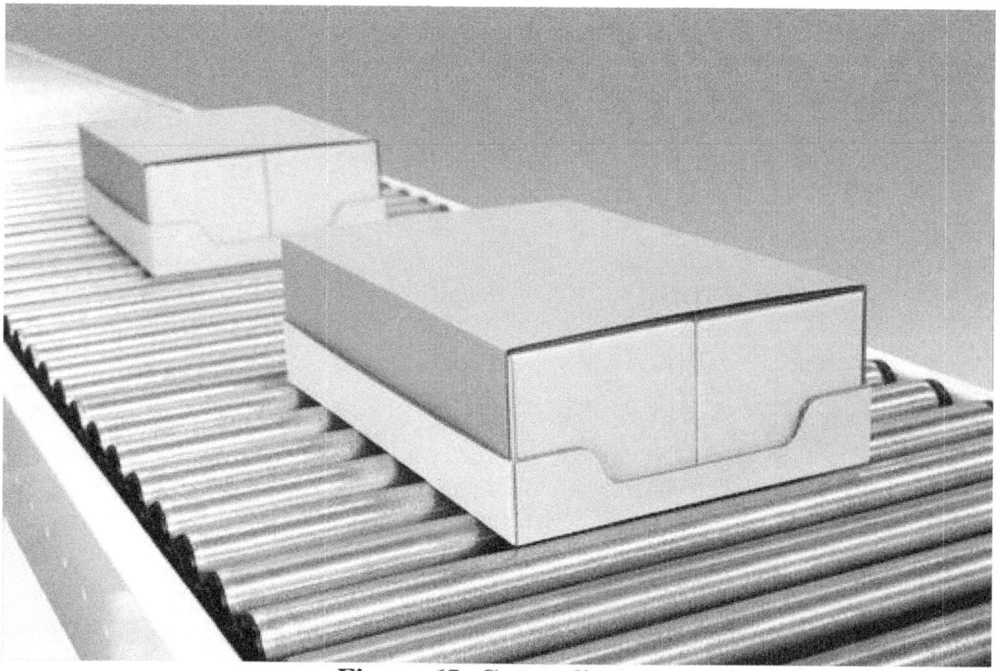

Figura 65: Convogliatore

Alcuni esempi

I convogliatori si trovano abbinati a sistemi di sorting in strutture che devono movimentare grandi quantità di materiale in brevissimi tempi. I centri di smistamento postale funzionano grazie a convogliatori a nastro o a rullo. Un altro settore è rappresentato dal distributore intermedio del farmaco, responsabile della distribuzione dei medicinali alle farmacie/parafarmacie. In quest'ultimo caso mediamente un distributore deve riuscire a preparare gli ordini per qualche migliaio di punti di vendita con dei lead time (dal momento della chiusura degli ordini) di due ore e mezza.

Capitolo Decimo
10. Sistemi di Stoccaggio

Grado di difficoltà: ★☆☆ *Basso*

1. LO STOCCAGGIO

Ogni azienda deve stoccare o immagazzinare della merce, la quale può essere sotto forma di materia prima, semilavorato o prodotto finito. Il problema dello stoccaggio non si riferisce solo alla fase produttiva o distributiva, ma lo si ritrova in moltissimi altri ambiti. Negli uffici deve essere organizzato un sistema di stoccaggio dei documenti, ma anche dei materiali di supporto come i consumabili (cartucce per stampanti, toner per fotocopiatrice, etc.). Un buon sistema di stoccaggio consente di:

- Utilizzare al meglio gli spazi o i volumi;
- Ridurre i tempi di stoccaggio, ricerca e prelievo della merce;
- Ridurre al minimo le probabilità di danneggiamento della merce o di smarrimento.

Prima di passare alla descrizione dei sistemi di stoccaggio è utile definire cosa si intende per rendimento superficiale e per rendimento volumetrico.

Il rendimento superficiale esprime quanta superficie di un magazzino è occupata da merce in relazione alla superficie totale a disposizione. Per esprimere questa relazione con un numero si utilizza il rapporto tra la superficie occupata e la superficie disponibile. Più il numero è vicino a 1 e minore sarà lo spazio lasciato libero.

$$Rendimento\ Superficiale = \frac{Superficie\ coperta\ da\ merce}{Superficie\ totale\ di\ magazzino}$$

Il rendimento volumetrico funziona allo stesso modo, solo che in questo calcolo viene considerato il volume e non la superficie. Ha senso utilizzare il rendimento volumetrico se la merce può essere impilata una sopra l'altra o stoccata su infrastrutture anche in altezza, altrimenti il rendimento superficiale è sicuramente più significativo.

$$Rendimento\ Volumetrico = \frac{Volume\ occupato\ da\ merce}{Volume\ totale\ di\ magazzino}$$

Oltre a questi due parametri che sono sempre da tenere sotto controllo, vi sono da considerare altri indici che sono importanti sia per progettare nuovi magazzini che per migliorare quelli esistenti. Uno di questi è la selettività la quale rappresenta la percentuale dei prodotti/pallet o Unità di Carico direttamente accessibili. Se il parametro è il 100% significa che, nel caso di un magazzino con soli pallet, tutti i pallet possono essere raggiunti direttamente da un carrello elevatore, senza doverne spostare altri. Una bassa selettività significa che solo una parte delle Unità di Carico sono raggiungibili direttamente, mentre per prelevare le altre si dovranno spostare altre Unità di Carico. Per esempio, se ho due pallet, uno appoggiato sopra l'altro, per accedere a quello che sta sotto dovrò spostare quello che sta sopra. La selettività in questo caso non potrà allora essere del 100%.

Un altro parametro è l'indice di saturazione, il quale esprime la disponibilità di spazio presente nel magazzino. Il calcolo in questo caso necessita della conoscenza della capacità del magazzino in allocazioni (p.e. numero posti pallet). Dopo la rilevazione del numero di allocazioni presenti nel magazzino è necessario contare quante allocazioni sono occupate da merce stoccata.

A questo punto l'indice di saturazione è il rapporto tra il numero di allocazioni occupate e il numero di allocazioni nel totale disponibili (occupate e non occupate). Un magazzino con un rapporto vicino a uno esprime rigidità, ovvero la possibile incapacità di fare fronte a improvvise variazioni del mercato. In altre parole, se è necessario aumentare la merce a magazzino nella realtà non c'è più spazio disponibile. All'opposto, se il valore che risulta dal rapporto è molto inferiore a 1, allora il magazzino risulta essere molto vuoto. In questo caso si deve essere consapevoli che ci sono costi (riscaldamento, energia, tasse sulla proprietà, etc.) fissi che si riversano sul valore del prodotto, aumentandone il prezzo.

Suggerimento operativo:

Provvisti di una semplice corda metrica o delle planimetrie del magazzino rilevare:

Rendimento superficiale.

1. Rilevare l'intera superficie del magazzino o dei magazzini.

2. Rilevare la superficie del magazzino che è coperta o da infrastrutture per lo stoccaggio (p.e. scaffali) o dalla stessa merce.

3. Fare il rapporto tra i due numeri rilevati.

Rendimento volumetrico:

1. Rilevare l'intero volume del magazzino o dei magazzini (Superficie magazzino per altezza sottotrave magazzino).

2. Rilevare il volume delle scaffalature o della merce presente a magazzino.

3. Fare il rapporto tra i due numeri rilevati

Selettività:

1. Contare a magazzino tutte quelle locazioni (o posti pallet) che sono raggiungibili direttamente da un carrello elevatore o direttamente dall'operatore.

2. Contare a magazzino tutti i posti pallet o le locazioni per lo stoccaggio della merce.

3. Fare il rapporto tra i due numeri rilevati.

Indice di saturazione

1. Scegliere un momento per la rilevazione (non deve rappresentare un caso particolare bensì la situazione media)

2. Contare a magazzino le locazioni che sono occupate da merce.

3. Contare a magazzino tutti i posti pallet o le locazioni per lo stoccaggio della merce.

4. Fare il rapporto tra i due numeri rilevati.

Tenere monitorati nel tempo i dati rilevati per comprendere eventuali miglioramenti o peggioramenti dello stato del magazzino.

Definiti questi parametri di controllo, i principali metodi di stoccaggio e le infrastrutture più comunemente usate possono riassumersi in:

- Magazzino a catasta
- Magazzino statico a scaffalatura
- Magazzini statici Drive In e Drive Trough
- Magazzino dinamico a gravità
- Magazzino dinamico flow rail
- Magazzino Compattabile
- Magazzino dinamico a trasloelevatore

2. IL MAGAZZINO A CATASTA

Laddove sia possibile, tale sistema prevede semplicemente l'accatastamento della merce, mettendo i prodotti uno sopra l'altro. Tale modello ha due grandi vantaggi: il primo è rappresentato dal fatto che non richiede investimenti per infrastrutture; il secondo è che si può raggiungere un buonissimo livello di saturazione del magazzino (alto rendimento). La selettività invece è bassa. Infatti nel caso la merce non sia sovrapposta la selezione può avvenire solo sui prodotti posti al contorno (Vedi figure di seguito). La larghezza dei corridoi per il prelievo o la messa a dimora del prodotto dipende dal tipo di carrello utilizzato.

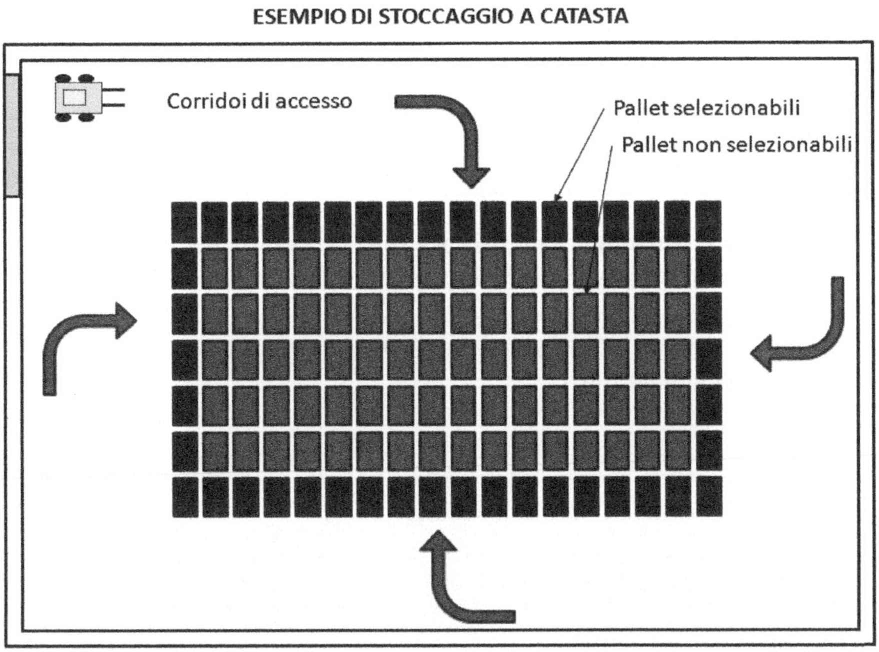

Figura 66: Magazzino a catasta con accesso sui quattro lati

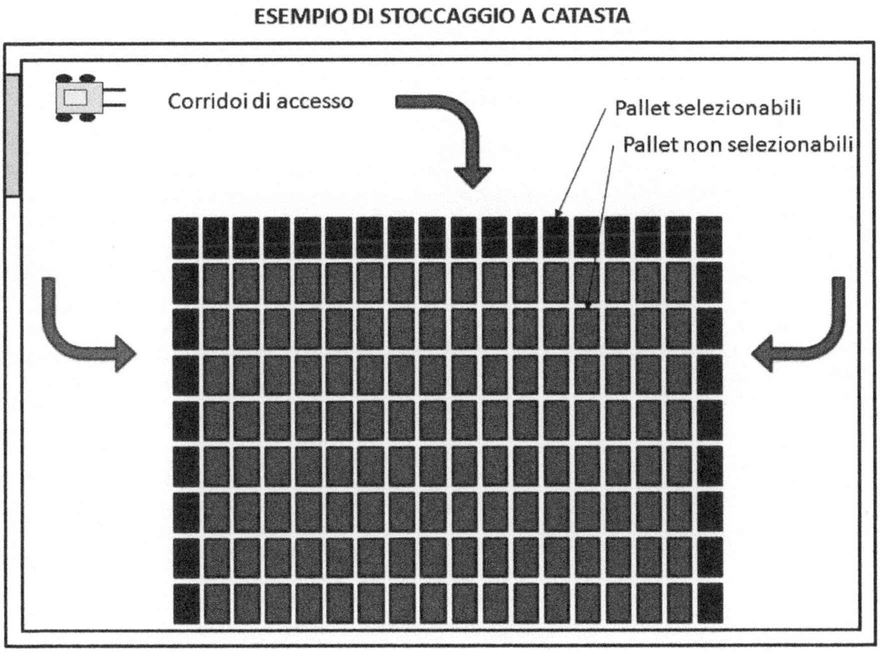

Figura 67: Magazzino a catasta con accesso a tre lati

Lo stoccaggio a catasta è consigliato nei casi in cui:

- vengono gestite poche referenze
- si gestiscono grandi quantitativi di merce simile (stesso lotto)
- nel caso di pallet, vengono gestiti e movimentati sempre e solo pallet interi, senza ventilazione del pallet [la ventilazione del pallet è il processo in cui vengono prelevati i singoli colli presenti sul pallet]
- la merce non è ad alta obsolescenza (come per prodotti alimentari velocemente deperibili).

Punti di forza

- Nessun investimento in infrastrutture
- Elevato rendimento superficiale

Punti di debolezza

- Ridotta selettività
- Non adatto per prodotti obsolescenti
- Limitata capacità di ottimizzazione in altezza

Figura 68: Esempio di magazzino a catasta

3. MAGAZZINO STATICO A SCAFFALATURA

Risulta essere l'infrastruttura più comunemente utilizzata nei magazzini, sia per il costo sia per l'indice di selettività del 100%. Si tratta di scaffali su cui vengono depositate e/o prelevate le unità di carico. L'accesso è possibile alla singola locazione e i livelli su cui stoccare dipendono solo dal magazzino che li ospita, dall'altezza delle unità di carico e dal mezzo utilizzato per stoccare [si veda la sezione relativa ai carrelli]. Sui vari ripiani vengono depositati i pallet o i prodotti. Adatti per prodotti non impilabili.

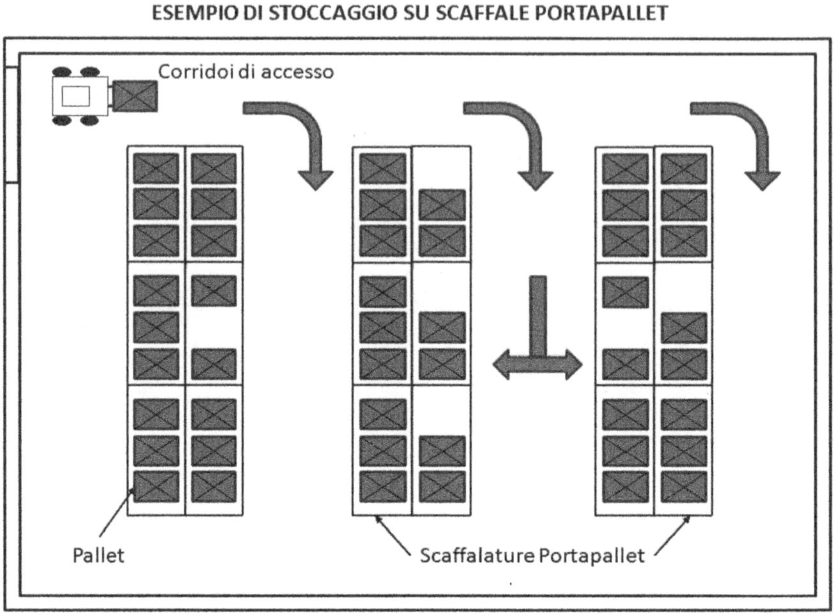

Figura 69: Magazzino con scaffali porta pallet

Figura 70: Esempio di scaffalatura porta pallet

Lo stoccaggio su scaffalatura è consigliato nei casi in cui:

- i codici da gestire a magazzino sono molti;
- deve essere garantita la possibilità di accedere direttamente alla singola unità di carico;
- si debba sfruttare la capacità di stoccaggio in altezza;

Punti di forza

- Massima selettività.
- Investimento contenuto.
- Massima personalizzazione (altezze dei livelli, numero di livelli).

Punti di debolezza

- Ogni scaffalatura ha bisogno di un corridoio di accesso.
- Sia il rendimento superficiale che quello volumetrico non è elevato (per la presenza dei corridoi).

4. MAGAZZINI STATICI DRIVE IN E DRIVE THROUGH

Il magazzino drive in è invece una soluzione che minimizza il fabbisogno dei corridoi e permette di aumentare l'efficienza volumetrica. I magazzini statici di tipo drive in e drive through sono strutture caratterizzate da delle mensole su cui poggiano i pallet. Con questa struttura il carrello può entrare tra i pallet stoccati.

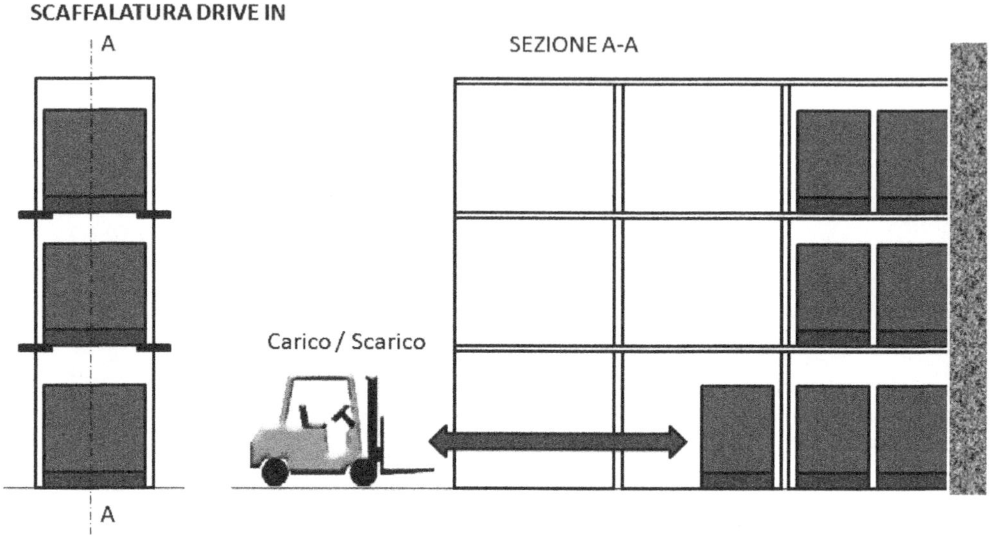

Figura 71: Il magazzino a scaffalatura Drive In

Sistema di stoccaggio progettato per permettere a un carrello di entrare nella struttura creando un'alta capacità di stoccaggio per unità di carico non impilabili. Adatto nei casi in cui si ha un limitato numero di referenze di prodotti ma con un alto numero di pallet per ogni referenza.

La differenza tra il drive in e il drive through è determinata dalle modalità di stoccaggio/prelievo. Con il drive in il carrello entra nelle scaffalature da un unico lato sia per lo stoccaggio che per il prelievo. Con il drive through c'è un lato di ingresso per lo stoccaggio della merce e c'è un lato per il prelievo della merce.

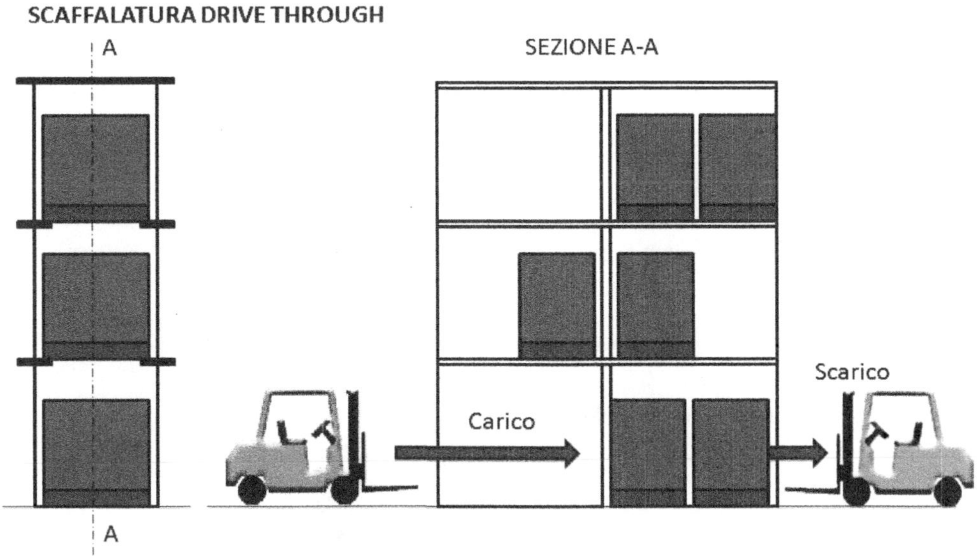

Figura 72: magazzino Drive Through

Dal punto di vista operativo, in questi magazzini il pallet viene alzato a livello, poi il carrello entra nello scaffale fino a depositare la merce alla profondità desiderata. Questo richiede in fase di progettazione la creazione di guide poste alla base della scaffalatura per facilitare la manovra dell'operatore e quindi di aumentare la sicurezza della merce da rischi di danni accidentali. Le guide alla base della scaffalatura permettono all'operatore di non gire sullo sterzo in fase di entrata e di uscita dalle corsie.

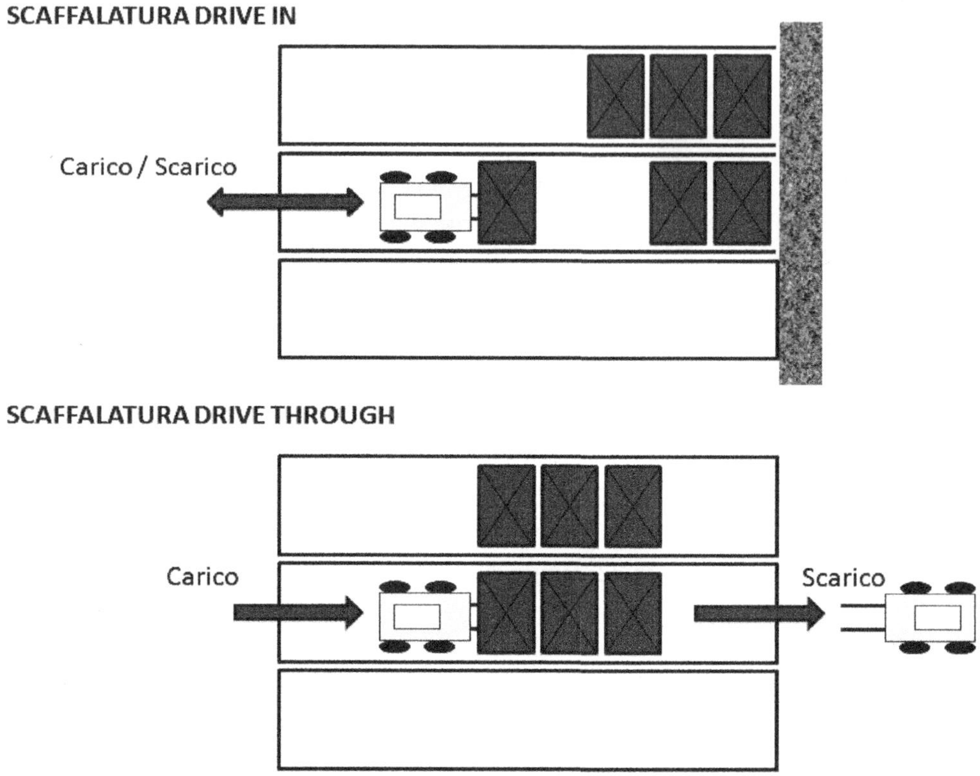

Figura 73: Dinamiche dei magazzini Drive In e Drive Through

A differenza di un sistema a catasta (merce depositata a contatto una sopra l'altra), per esempio, il drive in permette di sfruttare meglio l'altezza del magazzino e si adatta a prodotti non sovrapponibili. Le fasi operative di impilatura e di presa su una catasta possono, inoltre, comportare il rischio di danneggiare la merce sul pallet. A differenza della catasta, il drive in prevede una flessibilità maggiore in quanto si ha una buona selettività del pallet. Si deve infatti ricordare che la presa su catasta deve avvenire sempre dal livello più alto. Il prelievo della merce sia per la catasta che per il drive in è in logica LIFO (Last In First Out).

Punti di forza

- Alta densità di stoccaggio
- Possibilità di gestire il FIFO (scaffale Drive Through) o il LIFO (scaffale Drive In)

Punti di debolezza

- Non adatto per un alto numero di referenze
- Selettività ridotta in quanto si può prelevare direttamente solo il pallet di testa

5. MAGAZZINO STATICO A CANTILEVER

Sistema di stoccaggio ad alta flessibilità e ad alta selettività. Questo sistema di stoccaggio permette di immagazzinare prodotti da caratteristiche non standard, voluminosi o dalle forme particolari. Il cantilever è quindi la soluzione più adatta per prodotti come tubature, lastre e prodotti voluminosi in genere che non potrebbero altrimenti essere stoccati su tradizionali porta pallet.

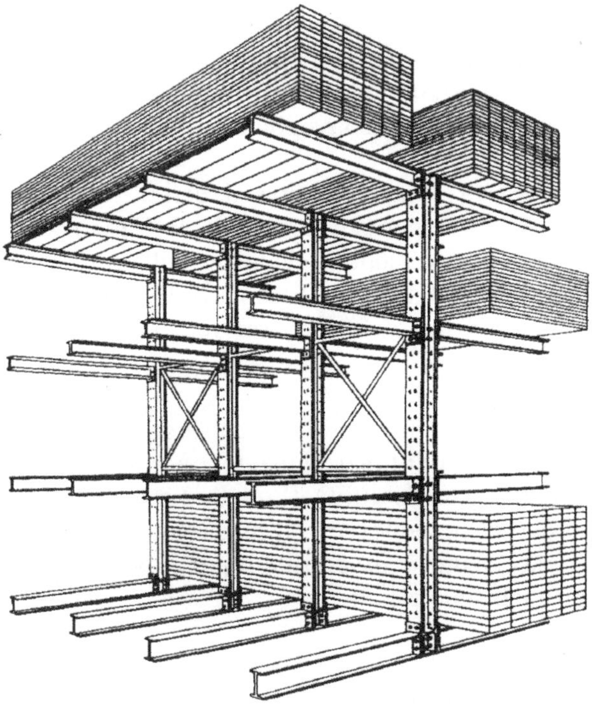

Figura 74: Scaffalatura Cantilever

Punti di forza

- Adatto per prodotti dalle grandi dimensioni o pesi
- Flessibilità nell'installazione
- Costi contenuti

Punti di debolezza

- Basso indice di rendimento volumetrico e superficiale
- Ogni scaffalatura ha bisogno di un corridoio di accesso

6. MAGAZZINO DINAMICO A GRAVITA'

Il magazzini dinamico differisce da quello statico perché la posizione della merce non è fissa, ma cambia nel tempo. Un semplice magazzino dinamico è quello a gravità. Si tratta di un magazzino intensivo in cui la struttura è composta da corsie (come il drive in) dotate di rulliere convogliatrici in pendenza.

A differenza del drive in l'operatore con il carrello non deve entrare tra le scaffalature ma dovrà solo appoggiare l'Unità di Carico all'inizio della corsia prescelta. Si migliora in questo modo la sicurezza della merce e si riducono i tempi per lo stoccaggio/prelievo della merce. L'Unità di Carico viene così lasciata sulla rulliera e grazie alla pendenza del piano scorrerà fino a raggiungere l'estremità della corsia opposta.

Il prelievo dell' Unità di Carico viene fatto dall'area su cui si affacciano le UdC stesse. Grazie a questa logica di funzionamento, questa struttura è adatta a prodotti che devono rispettare una coda FIFO (Firs In First Out - Il primo che viene stoccato è il primo che viene prelevato). Il magazzino dinamico a gravità richiede un corridoio per lo stoccaggio e un corridoio per il prelievo., quindi i rendimenti volumetrici e superficiali sono elevati.

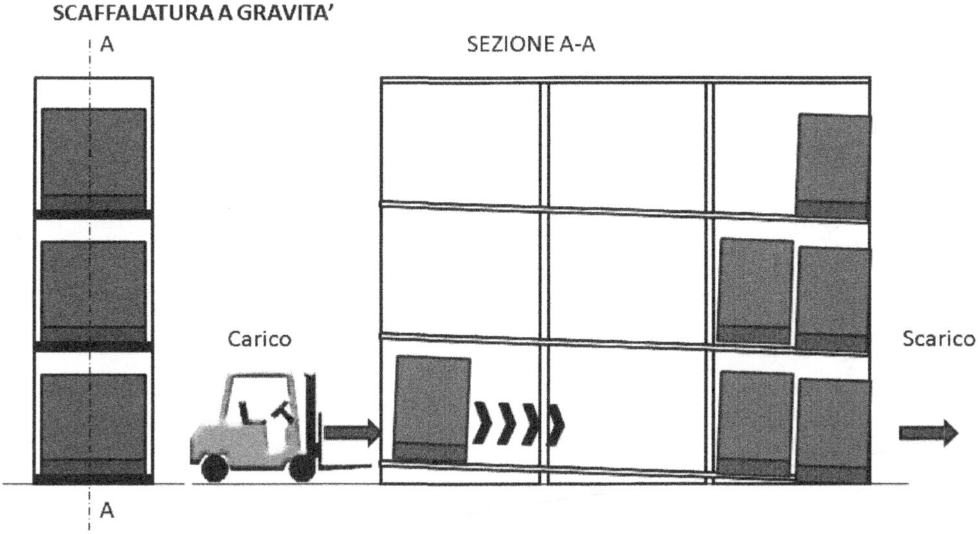

Figura 75: Scaffalatura a Gravità

Esistono dei magazzini a gravità leggeri adatti a piccole Unità di Carico, come scatole o cartoni. Questo sistema prevede un corridoio dedicato al prelievo e un corridoio dedicato al refilling (riempimento) delle singole corsie. Se installato in un contesto dove le attività di prelievo sono intense e frenetiche, la separazione dei corridoi di prelievo/refilling permette la non intersezione tra flussi di ricarico con flussi di prelievo.

Figura 76: Magazzino a Gravità leggero

Punti di forza

- Alta densità di stoccaggio
- Possibilità di gestire la logica FIFO
- Maggiore sicurezza delle operazioni: il carrello non deve entrare negli scaffali.
- Minore tempo per il prelievo o lo stoccaggio: il carrello non deve entrare negli scaffali.

Punti di debolezza

- Costi più elevati rispetto al Drive In
- Non adatto per un alto numero di referenze
- Selettività ridotta in quanto si può prelevare direttamente solo il pallet di testa.

Esempio:

Un'azienda appartenente al settore beverage ha delle fonti in Friuli Venezia Giulia e ha iniziato la propria attività nel 2003. In quell'anno si sono riattivate due linee di imbottigliamento PET, eredità di una gestione precedente. L'azienda produce per stock e gestisce circa 70 referenze. Il miglioramento del magazzino è stato ottenuto adottando delle infrastrutture tali da migliorare la capacità di stoccaggio. L'ottimizzazione dello spazio si è ottenuta allestendo un magazzino dinamico a gravità. Il rimanente spazio a magazzino è mappato e sono stati fatti gli studi di processo in modo da minimizzare tutte le fasi aziendali, dal refilling (caricamento) delle macchine, allo scarico del pallettizzatore posto a fine linea. Il magazzino a gravità risulta essere ottimale nel caso in cui si gestiscano relativamente pochi codici, permettendo uno stoccaggio intensivo (si riducono al minimi i corridoi) in grado di rispettare la logica FIFO che permette di gestire la spedizione dei lotti prodotti prima. Il magazzino a gravità ha un'ottimizzazione volumetrica paragonabile a un magazzino a catasta con il vantaggio che è adatto per ospitare prodotti non impilabili, come per esempio le acque naturali.

7. MAGAZZINO DINAMICO FLOW RAIL

Il sistema funziona come un gravità solo che la merce viene spinta all'interno delle corsia in contropendenza. Si hanno gli stessi vantaggi del gravità sono che in questo caso si gestisce la logica LIFO (Last In First Out - L'ultimo ad essere depositato è il primo che verrà prelevato). Adatto nei casi in cui si hanno poche referenze e i prodotti non temono obsolescenza. Il sistema di scorrimento nella corsia è garantito da rulliera o da un sistema a catene.

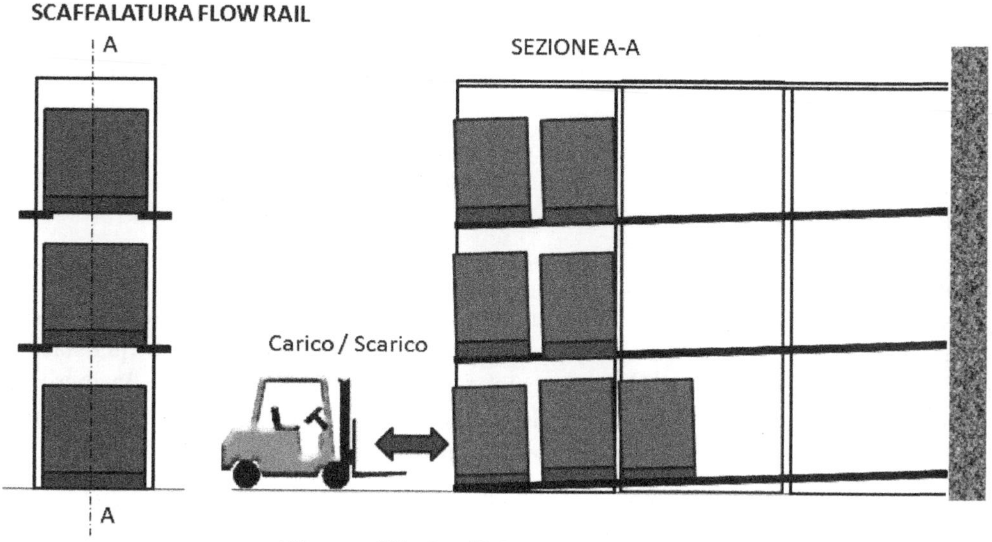

Figura 77: Scaffalatura Flow Rail

Punti di forza

- Alta densità di stoccaggio.
- Possibilità di gestire la logica FIFO.
- Maggiore sicurezza delle operazioni: il carrello non deve entrare negli scaffali.
- Minore tempo per il prelievo o lo stoccaggio: il carrello non deve entrare negli scaffali.

Punti di debolezza

- Costi più elevati rispetto al Drive In.
- Non adatto per un alto numero di referenze.
- Selettività ridotta in quanto si può prelevare direttamente solo il pallet di testa.

8. MAGAZZINO DINAMICO COMPATTABILE

Il magazzino compattabile è la migliore soluzione per aumentare l'indice di utilizzo volumetrico di un magazzino. A differenza del portapallet il compattabile elimina i corridoi di accesso alla merce rendendone disponibile uno alla volta. I carrelli portapallet del compattabile muovendosi su rotaie rendono accessibili tutte le altre posizioni di stoccaggio.

I punti di forza sono un'ottima capacità di saturazione del magazzino e la possibilità di organizzare liberamente la disposizione della merce senza dovere rispettare regole LIFO o FIFO così come succede per un portapallet qualsiasi. I punti di debolezza sono rappresentati dal fatto che solo una parte della merce è direttamente accessibile. Quando si deve installare un magazzino di questo tipo devono essere fatte delle considerazioni sull'organizzazione delle missioni di stoccaggio e di prelievo.

L'apertura dei corridoi non è infatti veloce per cui, a tavolino, i codici da stoccare devono essere distribuiti secondo un ordine logico basato per esempio sulla frequenza di prelievo. Nella pratica si deve eliminare la possibilità che venga pianificata una missione di prelievo su una posizione non accessibile.

A fronte di un aumento della saturazione si ha una diminuzione della flessibilità. Risulta essere necessario quindi valutare in modo accurato tutti i cambiamenti organizzativi necessari all'implementazione di un compattabile dal momento che potrebbe essere anche richiesta una riduzione del numero di addetti destinati alla movimentazione della merce. Nella norma una buona regola è quella di garantire l'apertura di un corridoio per fasce orarie o per giornate.

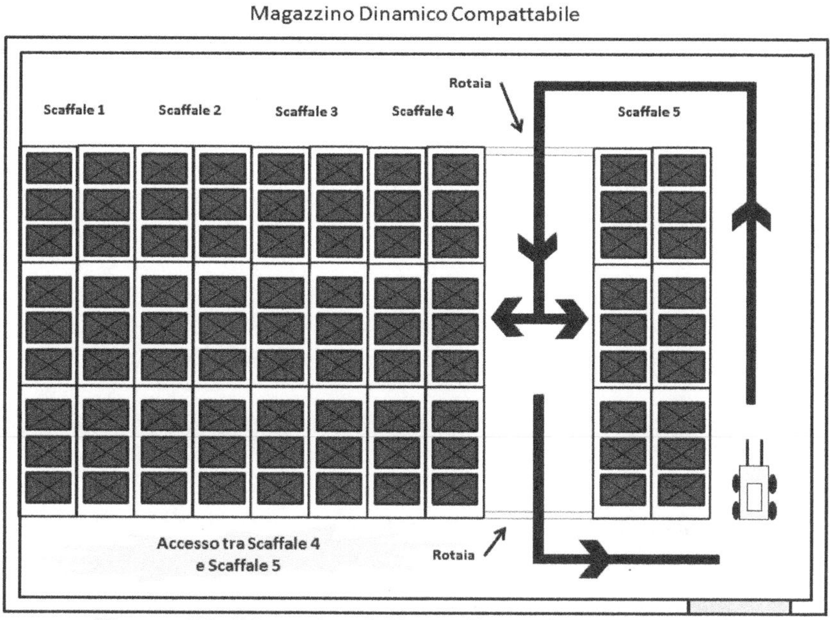

Figura 78: Dinamica delle scaffalature compattabili

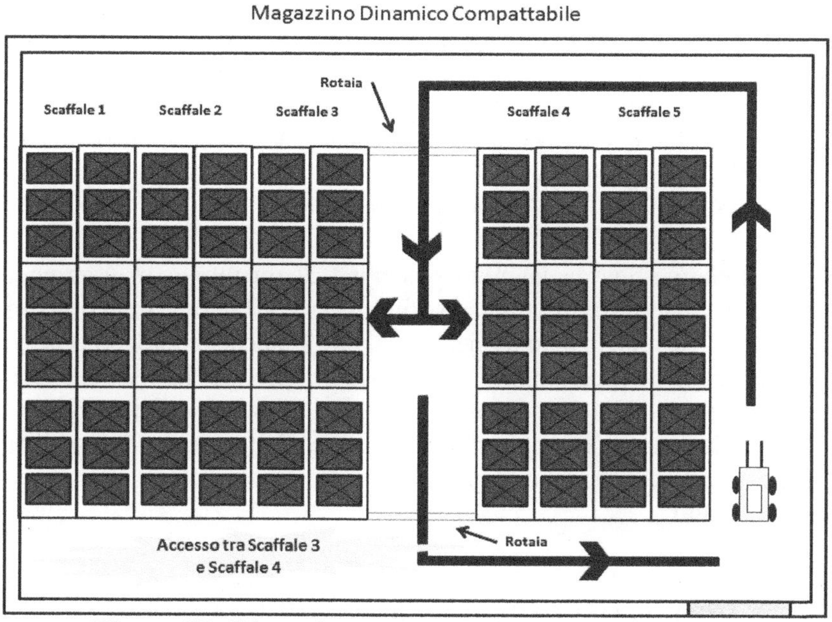

Figura 79: Dinamica delle scaffalature compattabili

Punti di Forza

- Ottimo rendimento volumetrico rispetto alle scaffalature portapallet tradizionali.
- Mezzi di Movimentazione standard uguali a quelli utilizzati per le scaffalature tradizionali.

Punti di Debolezza

- Bassa selettività (accessibilità a solo un corridoio alla volta).
- Tempi lunghi per l'accesso alla merce non disponibile rispetto al corridoio aperto.
- Pianificazione delle missioni di prelievo.

Esempio:

Belloflex si distingue da oltre quarant'anni per qualità, la flessibilità produttiva e sapienza nelle lavorazioni, patrimonio indiscutibile e prezioso della dimensione artigianale. E' su questi valori che si innesta anche lo sviluppo dell'azienda, che ha raggiunto oggi una dimensione e un respiro industriali, forte anche dell'esperienza nelle grandi forniture ospedaliere. La ricerca, attività integrante della cultura Belloflex, unitamente ad una forte attenzione per la qualità verificata e garantita, è decisiva per l'evoluzione del prodotto.

Il progetto avviato riguarda la predisposizione di un nuovo magazzino di tipo compattabile da sostituire all'attuale costituito da scaffalature tradizionali di tipo portapallet. Il nuovo magazzino aumenterà del 30% la capacità di stoccaggio della merce a magazzino riuscendo in tal modo a migliorare la risposta al cliente. Fondamentale in questa fase progettuale la definizione delle regole per lo stoccaggio della merce (mappe di allocazione della merce su analisi delle rotazioni) e la predisposizione di nuove regole di accesso al magazzino e di prelievo/stoccaggio.

9. MAGAZZINO DINAMICO A TRASLOELEVATORE

Il magazzino dinamico a trasloelevatore è dotato di scaffalature portapallet statiche. Nei corridoi in cui dovrebbero scorrere i carrelli per il prelievo e la messa a dimora della merce, scorre un trasloelevatore, ovvero un sistema automatizzato che grazie a guide su rotaie è in grado sia di muoversi in profondità che in altezza tra gli scaffali. I vantaggi sono da ricercarsi nell'esigenza di corridoi stretti (qualche centimetro in più rispetto alla dimensione della merce da movimentare - generalmente pallettizzata) e nella velocità delle movimentazioni. Inoltre, con questo magazzino la merce va all'operatore e non viceversa. Sono adatti nei casi in cui la merce debba essere mantenuta in ambienti particolari (celle frigorifere).

Il magazzino con trasloelevatore garantisce una buona utilizzazione dell spazio, velocità nella movimentazione (velocità di spostamento orizzontale sui 2-3 metri al secondo, velocità in verticale 0,4-1 metri al secondo), altissima selettività in quanto tutte le celle sono direttamente accessibili. Il magazzino è quindi adatto in quei casi in cui vi siano da gestire moltissimi codici prodotto ed è adatto per magazzini con altezze elevate.

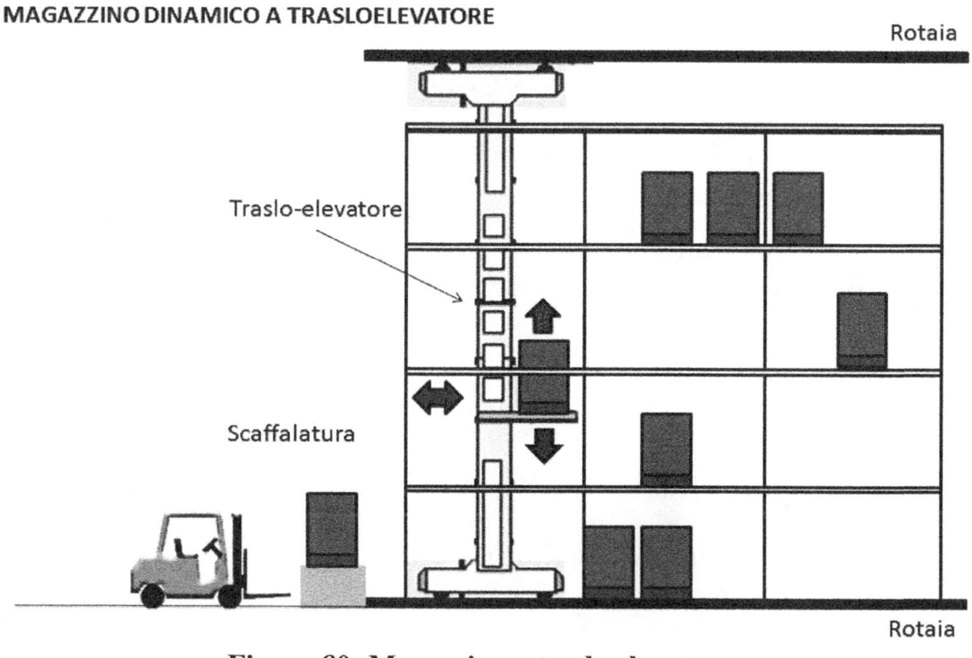

Figura 80: Magazzino a traslo elevatore

Il sistema informativo che gestisce le locazioni dei prodotti è in grado di pianificare le missioni del carrello in modo da ottimizzare i tempi e gli spazi utilizzati. Di conseguenza è possibile che nella stessa missione il trasloelevatore all'andata metta a stock del materiale e utilizzi il viaggio di ritorno o per il prelievo o per spostare merce al fine di allocarla in modo più efficiente.

Punti di Forza

- Altissima selettività
- Alta velocità di processo
- Elevata ottimizzazione dello spazio
- Ottimizzazione delle attività di prelievo/stoccaggio

Punti di debolezza

- Investimenti elevati
- Adatto per prodotti omogenei in forma e dimensione (p.e. pallet)

10. MAGAZZINO DINAMICO A CAROSELLO

Il magazzino a carosello ha un funzionamento basato su vassoi traslanti che si muovono o verticalmente o orizzontalmente. L'operatore è fermo davanti a una consolle. Attraverso un sistema informativo, l'operatore richiede il codice prodotto e un sistema di traslazione dei vassoi va a proporre quel vassoio che contiene il prodotto desiderato. Questa tipologia di magazzino permette di stoccare molta merce in ridotti volumi e rende molto veloci le fasi di prelievo e di stoccaggio della merce.

Punti di forza

- Altissima selettività
- Velocità di prelievo e di stoccaggio
- Precisione di prelievo e di stoccaggio
- Alta modularità e adattabilità del magazzino allo specifico ambiente
- Ottimo rendimento superficiale e volumetrico

Punti di debolezza

- Investimenti elevati
- Non adatto per prodotti molto voluminosi o molto pesanti

MAGAZZINO DINAMICO A CAROSELLO

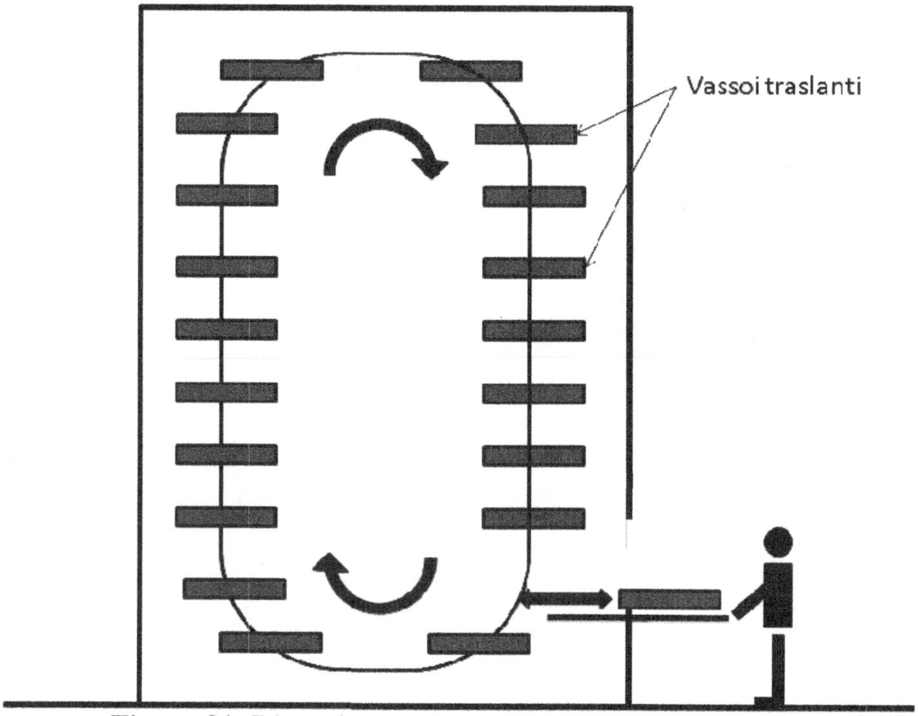

Figura 81: Dinamica di un magazzino a carosello

Esempio:

VITE s.r.l., azienda distributrice di componenti meccanici, afferma che con l'installazione di un magazzino a carosello è riuscita a liberare 200 mq di superficie. Un magazzino automatico non necessita di corridoio in quanto sono i vassoi a muoversi, inoltre nei casi di materiali con altezze variabili il software di gestione dispone ogni singolo vassoio nell'allocazione più idonea dopo avere automaticamente rilevato l'ingombro del vassoio stesso. Questa soluzione permette la massima flessibilità d'uso del magazzino.

Capitolo Undicesimo
11. Spedizione e Controllo Processo

Grado di difficoltà: ★☆☆ *Basso*

1. INTRODUZIONE

L'area di spedizione rappresenta quello spazio in cui vengono compiute tutte quelle attività preliminari al carico e al trasporto della merce verso il cliente. La sua importanza non deve essere trascurata in quanto potrebbe costituire un elemento di perdita di competitività nei confronti dei propri clienti. Se le attività di preparazione dell'ordine non vengono effettuate correttamente, il cliente potrebbe trovare merce danneggiata, non conforme a quanto ordinato (merce in più o in meno) o che arriva in ritardo.

Per evitare spiacevoli inconvenienti si consiglia quindi di identificare bene l'area di spedizione, che deve essere posta nelle vicinanze delle baie di carico.

Suggerimento operativo:

Predisporre l'area di carico in prossimità delle baie di uscita merce. L'area deve essere sufficientemente estesa e ben identificata tramite segnalazione a pavimento.

Nel caso in cui le stesse baie vengano usate per lo scarico e per il carico della merce, valutare l'ipotesi di riorganizzare i flussi per finestre temporali (per esempio la mattina si scarica e il pomeriggio si carica).

Il miglioramento delle prestazioni logistiche può essere ottenuto valutando con attenzione ciascun singolo processo aziendale. Inoltre, non sempre i grandi miglioramenti sono frutto di grandi investimenti. A volte lo studio accurato del processo logistico mette in evidenza delle criticità la cui soluzione è semplice ma ad alto impatto in termini di benefici ottenuti. In molte realtà, infatti, le analisi si concentrano sullo studio delle sole fasi di stoccaggio e di picking, senza considerare le fasi di scarico e carico della merce.

Suggerimento operativo:

Considerare le attività precedenti alla spedizione, come il controllo di qualità, la packing list (lista di merce contenuta all'interno di un imballo). Predisporre tali attività e tutta i dispositivi necessari al loro espletamento nelle vicinanze dell'area di carico.

Nelle fasi di carico invece è possibile che il flusso logistico possa trovare nel carico un collo di bottiglia, legato principalmente a un sottodimensionamento delle risorse (persone e mezzi) o a una errata organizzazione del carico, per esempio la mancanza di un'area di preparazione comporta inutili perdite di tempo.

Un errore tipico è poi l'incapacità dell'azienda di riuscire a fare fronte ai picchi di spedizioni. La necessità di dovere spedire volumi sempre maggiori in tempi sempre più ridotti è un'esigenza comune a diverse realtà e che sembra possa essere identificata anche come un trend logistico.

Le soluzioni possibili sono o un aumento delle risorse (persone) o un aumento degli spazi dove allocare la merce in spedizione, o il miglioramento del processo di carico. Il caso presentato mette in luce la possibilità di miglioramento delle prestazioni legate allo studio e al miglioramento del singolo processo.

Suggerimento operativo:

Misurare i seguenti parametri:

- Tempi necessari per la predisposizione/preparazione del carico;
- Numero di persone impiegate nella fase di preparazione del carico;
- Tempo necessario peri il carico del mezzo;
- Numero di persone impiegate nel carico del mezzo;
- Numero errori compiuti per scambio di vettore (una merce che doveva finire in un camion è finita invece in un altro);
- Numero di volte che il controllo non identifica le non conformità;
- Tempi per la preparazione della bolla e dei documenti di carico;

Rilevare inoltre le seguenti non conformità:

- Tipologie di danneggiamenti causati nelle fasi di carico;
- Motivi che causano ritardi nella spedizione di un carico;

In stretta relazione con gli addetti alle fasi di carico, porsi degli obiettivi in termini di riduzione dei tempi e degli errori compiuti.

Esempio:

L'azienda studiata fa parte di un gruppo e si occupa della distribuzione di beverage (birra, bevande ed acque) oltre che di vini e liquori. Il gruppo, leader italiano nella distribuzione nel canale Ho.Re.Ca., si avvale di un network distributivo suddiviso su 20 Poli Regionali Distributivi a cui fanno capo oltre 70 magazzini distribuiti su tutto il territorio nazionale, alcuni dei quali operano come cross-docking.

Il processo logistico viene attivato con l'agente che raccoglie gli ordini dei clienti attraverso dispositivi palmari in grado di accelerare le successive fasi di raccolta e spedizione dell'ordine all'azienda. Gli ordini vengono raccolti ed elaborati dal sistema gestionale interno per arrivare alla predisposizione delle istruzioni di prelievo (siano esse su carta e su terminali nel caso di gestione in Radio Frequenza).Dall'ordine alla consegna trascorrono mediamente 24 ore. Il prelievo viene fatto manualmente da operatori che operano con commissionatori elettrici e prelevano la merce da magazzino.

Nel caso preso in considerazione, il territorio servito è caratterizzato da una significativa stagionalità. A livello organizzativo, tutto questo si traduce nella necessità di gestire il magazzino e tutte le singole fasi operative con degli elevatissimi picchi di consumo che si traducono in incrementi della capacità di stoccaggio di oltre il 30% rispetto alla media annuale. In termini di numeri, vengono gestite circa 3.000 referenze con un numero di colli a stock di oltre 120.000 pezzi.

La consegna avviene con 12 mezzi organizzati normalmente su due giri quotidiani: uno nelle prime ore del mattino ed uno nel pomeriggio. La possibilità di organizzare un unico viaggio così come la possibilità di aumentare il numero dei giri di consegna giornalieri dipende dalla lunghezza delle tratte e dalle infrastrutture stradali della singola zona di consegna. Le zone adiacenti, purtroppo, non sono dotate di infrastrutture moderne e soprattutto nei periodi di villeggiatura le strade sono molto spesso intasate. Il problema della congestione del traffico rende impossibile quindi riuscire, a parità di risorse impiegate, di aumentare l'estensione del territorio servito.

Il miglioramento del processo

Dopo un'attenta analisi dell'intero processo logistico, al fine di creare le condizioni per un processo di miglioramento interno, si è riscontrata una criticità rappresentata dai tempi di carico degli automezzi. Il tempo di carico, infatti, rilevato empiricamente si aggirava generalmente sulle sette ore al giorno. La merce veniva preparata dai picker con carrelli commissionatori e il carico veniva effettuato tramite carrello elevatore dal piano magazzino. Il fatto di dovere alzare la merce sul piano di carico rallentava notevolmente i tempi di preparazione della spedizione.

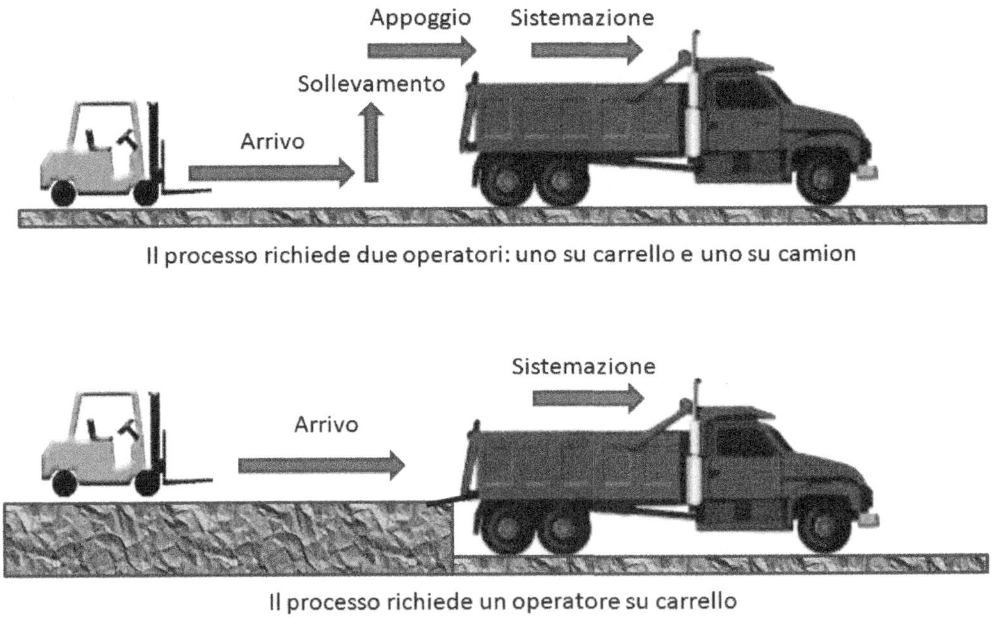

Figura 82: Processi di carico a confronto

La soluzione adottata è stata la predisposizione di baie di carico idrauliche. Nello stabilimento sono state create sei baie automatizzate tramite sponde. La sponda idraulica ha permesso di ridurre i tempi di carico mezzi arrivando fino a un tempo medio per singolo automezzo di circa 20 minuti. Il tempo totale di carico giornaliero si è così ridotto dalle sette ore a quattro complessive.

L'operatore riesce agevolmente e indipendentemente dal tipo di automezzo attraccato (non tutti gli automezzi usati hanno uguale altezza rispetto al piano di carico) a entrare con il transpallet o direttamente nel caso si carichino colli sfusi.

Da considerare anche il fatto che la facilità con cui si caricano i mezzi consente di ridurre drasticamente la probabilità di infortunio dell'operatore.

Figura 83: Esempio di Baie di Carico/Scarico

Dal punto di vista operativo, una volta che l'autocarro attracca alla banchina, si apre il portone del capannone. Attraverso la pressione di un comando, il sistema elettroidraulico colloca la pedana nella posizione più alta, estraendo automaticamente la spondina di raccordo pieghevole. Poi, contemporaneamente, si abbassa finché la spondina di raccordo incontra l'appoggio sul pianale di carico. I tempi di apertura e predisposizione della sponda sono ridottissimi.

A questo punto possono essere effettuate le operazioni di carico. Nel caso considerato, l'altezza media della sponda è di un metro, ma si può adattare a piani di carico con altezza compresa tra i settanta centimetri e il metro e trenta centimetri. Una volta che la pedana è in posizione, l'operatore può agevolmente caricare il camion.

Le attività sono molto veloci in quanto la merce da spedire è predisposta a ridosso della baia in apposita area di spedizione. Si può quindi affermare che l'installazione delle baie è stata un vero e proprio propulsore. La riduzione dei tempi ottenuta ha permesso di aumentare la potenzialità distributiva dell'impianto.

2. IL CONTROLLO DEL PROCESSO

La considerazione che il magazzino è un luogo in grado di creare valore per il cliente è ormai consolidata. Attività errate, prelevi non corretti, danneggiamento della merce, ritardi nella preparazione dell'ordine sono solo alcuni esempi di non conformità di processo che nascono nel magazzino e che sono in grado di minare il rapporto di fiducia con i propri clienti. Per potere controllare in quali fasi del processo di magazzino possano nascere delle criticità è necessario definire le principali fasi del processo stesso.

Intanto si deve sottolineare che qualsiasi magazzino interagisce tra dei fornitori e dei clienti. Nel caso di un magazzino di materie prime i fornitori sono gli stessi dell'azienda, mentre i clienti sono rappresentati o dalla produzione o da soggetti esterni all'azienda rappresentati generalmente da terzisti. Un magazzino semilavorati, dal momento che contiene materiale che non è ancora idoneo alla vendita e che ha subito delle lavorazioni, ha sia come fornitori che come clienti la produzione o i terzisti. Infine, un magazzino prodotti finiti riceve il materiale da terzisti o dalla produzione e lo deve rendere disponibile al mercato, ovvero all'insieme dei clienti. Obiettivo di ciascun magazzino è fornire il massimo servizio al cliente garantendo il prodotto giusto, al tempo giusto, al giusto costo, nella giusta quantità e con la giusta qualità.

Il più comune processo di magazzino è composto dalle seguenti fasi: scarico, accettazione, controllo qualità, ricondizionamento, stoccaggio, abbassamento o reintegro, prelievo, controllo in uscita, preparazione del carico e carico. Per garantire la massima soddisfazione del cliente è necessario organizzare al meglio ciascuna fase e misurarne le prestazioni. Di seguito verranno brevemente presentate le singole attività che compongono il processo e verranno suggeriti dei parametri da misurare. Non verranno invece proposti dei valori di riferimento in quanto ciascun valore dipende da variabili al contorno (numero di persone, tipologia della merce, tecnologie adottate, presenza di automatismi) difficilmente generalizzabili.

a) Scarico

La merce che arriva deve essere scaricata. I corretti mezzi e infrastrutture possono velocizzare le procedure riducendo il rischio di danneggiamento del materiale scaricato. Una baia dotata di pedana idraulica consente di ridurre il numero delle persone necessarie al trasferimento dei prodotti dal mezzo di trasporto al magazzino. Alcuni semplici accorgimenti organizzativi potrebbero migliorare le fasi di scarico: definizione dei periodi temporali in cui fare arrivare la merce oppure numerazione delle baie per l'individuazione più rapida. Alcuni parametri da misurare nella fase di scarico potrebbero essere:

- Tempo medio di scarico dal momento di arrivo del mezzo al momento della sua ripartenza. Valori alti potrebbero essere sinonimo di disorganizzazione delle fasi di scarico o mettere in evidenza delle metodologie non adeguate.
- Ritardi medi del trasportatore. Se per il trasporto in entrata della merce si riesce a schedulare oltre al giorno di arrivo anche l'ora, è possibile organizzare al meglio le maestranze le quali diverrebbero disponibili nel momento del bisogno senza essere costrette a interrompere attività in corso. Ritardi medi del trasportatore bassi potrebbero essere la base per schedulare gli arrivi.
- Numero danni da attribuire alla fase di trasporto. La merce trasportata e danneggiata potrebbe causare dei ritardi o delle rischedulazioni a livello produttivo. Il danno non da attribuirsi alle fasi di scarico deve essere registrato e comunicato al fornitore per definire le possibili soluzioni

b) Accettazione

Una volta scaricato il mezzo la merce viene depositata in un'area opportunamente definita nel magazzino chiamata "area di accettazione". L'accettazione corrisponde a una verifica tra l'ordine effettuato e la merce scaricata o più semplicemente un confronto tra quanto riportato in bolla e quanto effettivamente scaricato. La merce deve essere nel più breve tempo spostata e portata nel magazzino, ma può essere stoccata solo dopo essere stata dichiarata idonea ai processi produttivi o distributivi successivi, ovvero dopo essere stata dichiarata "di qualità". Per migliorare l'accettazione è necessario che il tempo di permanenza dei prodotti in quest'area sia il più breve possibile. In alcune situazioni, infatti, una carenza di risorse, la disorganizzazione operativa, tempi lunghi di accettazione potrebbero essere la causa di accumulo di materiale in ingresso. Buona regola è che la merce accettata ma non ancora controllata sia presente a livello contabile nel sistema informativo per comunicare alle altre funzioni aziendali la potenziale disponibilità del materiale arrivato.

Tra le prestazioni da rilevare si potrebbero elencare:

- Tempo medio di permanenza dei prodotti in accettazione. Questo dato misura il livello di efficienza organizzativa presente in questa fase: maggiore è la permanenza, minore è il livello organizzativo.
- Consegne in tempo su consegne totali; consegne complete su consegne totali; consegne con errori su consegne totali sono tutti indici che forniscono le prestazioni qualitative dei fornitori.
- Numero di resi gestiti. Si tratta di merce resa dai propri clienti e che deve essere opportunamente trattata (o reintegrata nel magazzino o analizzata

per comprendere le difettosità manifestate). Tale parametro fornisce un livello di qualità sulle consegne dell'azienda.

c) Controllo

Il controllo di qualità può essere fatto sul 100% del materiale in ingresso o a campione. Il primo metodo è adatto solo quando la merce ha alto valore per cui è necessario riscontrare fin da subito eventuali non conformità. Il controllo sul totale dei prodotti accettati è costoso e può seriamente rallentare le fasi di ingresso dei prodotti. Diversamente, un controllo a campione velocizza l'ingresso dei prodotti anche se statisticamente si inserisce la probabilità di prodotti non idonei. Esiste anche il "free pass" dove nessun prodotto subisce il controllo e passa direttamente allo stoccaggio; quest'ultimo modello è presente in quei casi in cui esista un accordo ben definito con i fornitori. A livello organizzativo, per velocizzare la fase, laddove sia possibile, si consiglia di predisporre quanto serva per il controllo nelle prossimità dell'area di accettazione facendo attenzione che la documentazione che serve sia generata nel posto, evitando il trasferimento d documentazione cartacea da un luogo a un altro. In alcune situazioni, infine, invece di dovere affidare il controllo a del personale specializzato potrebbe essere più conveniente rendere più semplici le procedure e renderle eseguibili a persone non particolarmente formate.

Tra i dati da rilevare:

- Quantità di materiale non conforme sul totale (per fornitore). Questo indice fornisce ulteriori informazioni sulla qualità dei prodotti in arrivo dal fornitore.
- Tempo di attesa medio dallo scarico al controllo qualità effettuato. Anche in questo caso si mettono in evidenza l'organizzazione delle attività di ricezione del magazzino.
- Tempo medio per il controllo di qualità. Questo tempo fornisce la reale durata del controllo. Spesso la merce staziona in area di accettazione semplicemente perché viene ritardato il controllo oppure perché il controllo stesso richiede molto tempo prima di fornire l'idoneità. La riduzione di questi tempi può essere ottenuta adottando nuovi strumenti o formulando accordi con il fornitore stesso.

d) Ricondizionamento e stoccaggio

Una volta che la merce è stata dichiarata idonea si procede con l'eventuale ricondizionamento e con il successivo stoccaggio. Il ricondizionamento prevede eventualmente la ri-etichettatura del bene (quando si utilizzano dei codici differenti da quelli dei fornitori), oppure il ri-confezionamento, come nel caso in cui il materiale arrivi su un'unica struttura di trasporto (es. il pallet) ma debba essere posizionato a magazzino in diverse locazioni. Diversamente se il materiale non è conforme, esso deve essere portato in un'area ben definita in attesa che vengano avviate le procedure per la gestione del reso. Nello stoccaggio la merce viene posizionata per un periodo non definito in attesa che il cliente ne faccia richiesta o che sia necessaria alle fasi produttive successive.

Relativamente allo stoccaggio è utile conoscere:

- Posizioni di magazzino occupate sul numero totale di posizioni di stoccaggio, importante per determinare se si è in condizioni di saturazione di magazzino.
- Giacenza media (in valore e in quantità), si riferisce alla quantità mediamente stoccata nel periodo (mese o anno) per ogni singolo articolo. Si tratta di uno dei principali parametri da osservare nel caso in cui si voglia ridurre il costo del magazzino.
- Rotazione di magazzino. Esprime il numero di volte in cui lo stock di un materiale si rigenera completamente in un periodo. Maggiore è il valore e meno stazionano i prodotti nel magazzino.
- Numero di stock out nel periodo. Un valore alto di questo parametro mette in evidenza una non corretta gestione delle scorte o una non corretta politica degli acquisti.
- Numero di codici obsoleti e relativo valore. Si tratta di quantificare quel materiale depositato nel magazzino che potrebbe essere a rischio di trasformarsi in valore. Cambiamento del mercato o errati acquisti sono tra le principali cause della presenza di prodotti obsoleti
- Numero di posizioni occupate da obsoleti. Un magazzino potrebbe essere saturo anche per la presenza di merce che non ruota. L'identificazione e la loro quantificazione è importante per definire le strategie da adottare.

e) Picking

Dalla posizione di stock il materiale viene successivamente portato in posizione di prelievo. Solitamente si parla di abbassamento o di reintegro della posizione di prelievo. A questo punto la fase di prelievo permette di allestire l'ordine del cliente. Questa fase deve essere fatta velocemente senza errori e può, nelle condizioni opportune, essere fatta in modo automatico. Lo stock out determinato in questa fase può avere alcune cause da considerarsi anche molto critiche. La più grave è una giacenza fisica non allineata con la giacenza contabile presente nel gestionale. In tale condizione è necessario verificare quali sono le cause che creano rotture di stock e che incidono direttamente sul livello di soddisfazione del cliente: un prodotto non prelevato o prelevato erroneamente (un codice invece di un altro) crea una contestazione da parte del cliente o la gestione di un resto e quindi di costi per l'azienda.

Relativamente al prelievo le prestazioni inerenti tale fase potrebbero essere:

- Prelievi per ora o materiale movimentato in un periodo di riferimento: rappresenta la velocità della fase.
- Errori compiuti in fase di prelievo o Numero di righe correttamente prelevate sul totale delle righe d'ordine. Un prelievo veloce potrebbe essere vanificato da un alto numero di errori compiuti, quindi velocità e correttezza sono gli elementi da tenere sotto stretto controllo.
- Ordini completi preparati su numero di ordini totali o righe prelevate sul totale delle righe d'ordine. Il parametro esprime l'incidenza degli stock out in fase di prelievo.

f) Controllo in uscita

Una volta eseguito il prelievo, si passa al controllo della merce per verificare la fase precedente. Generalmente si provvede alla conta dei colli, degli articoli o al controllo del peso totale. Spesso il controllo viene fatto a campione per velocizzare le fasi di preparazione della spedizione. L'ordine a questo punto deve solamente essere preparato alla spedizione attraverso una filmatura di un pallet, la preparazione di un collo, la sigillatura di un roll. Contemporaneamente si deve provvedere alla preparazione della documentazione necessaria alle fasi di trasporto. Anche in questo caso per ridurre i tempi che intercorrono dal prelievo alla spedizione è preferibile che la documentazione si generi nella posizione in cui è necessaria evitando inutili trasferimenti di documenti cartacei da un ufficio a un altro.

g) Carico e spedizione

Preparati i documenti e preparata la merce, i prodotti vengono portati nell'apposita area di spedizione. Per migliorare le fasi di carico potrebbe essere opportuno definire delle finestre temporali in cui schedulare l'arrivo dei mezzi: si tratta quindi di sincronizzare la preparazione delle spedizioni con i mezzi di trasporto.

Chiaramente non devono essere rilevati tutti i parametri suggeriti. Sarebbe più opportuno definirne solo alcuni per ciascuna fase, ma da rilevare costantemente nel tempo. Se è quasi impossibile confrontare i dati con quelli di altre realtà aziendali per le diverse condizioni al contorno, il parametro ha una grande valenza per mettere in evidenza se le prestazioni stanno migliorando o peggiorando. Troppi indicatori potrebbero non essere significativi o richiedere dei costi elevati per la loro rilevazione, per cui il cruscotto da costruire deve essere adeguato alle specifiche esigenze dell'azienda. Di seguito vengono riproposti alcuni dei principali parametri da misurare.

Esempi di parametri di controllo	
Fase	**Parametro di controllo**
Scarico	Tempo medio di scarico Ritardi medi del trasportatore Numero danni da attribuire alla fase di trasporto
Accettazione	Tempo medio di permanenza dei prodotti in accettazione Consegne in tempo su consegne totali Consegne complete su consegne totali Consegne con errori su consegne totali
Controllo	Quantità di materiale non conforme sul totale (per fornitore). Tempo di attesa medio dallo scarico al controllo qualità Tempo medio per il controllo di qualità.
Stoccaggio	Posizioni di magazzino occupate sul numero totale di posizioni di stoccaggio Giacenza media (in valore e in quantità) Rotazione di magazzino. Numero di stock out nel periodo. Numero di codici obsoleti e relativo valore. Numero di posizioni occupate da obsoleti.
Picking	Prelievi per ora o materiale movimentato in un periodo di riferimento Errori compiuti in fase di prelievo Numero di righe correttamente prelevate sul totale delle righe d'ordine. Ordini completi preparati su numero di ordini totali Righe prelevate sul totale delle righe d'ordine.
Carico e spedizione	Tempo medio di scarico Ritardi medi del trasportatore

Capitolo Dodicesimo
12. Gli Errori Comuni

Grado di difficoltà: ★☆☆ *Basso*

1. INTRODUZIONE

Al termine di questo testo risulta utile condensare gli insegnamenti in un capitolo dedicato ai più comuni errori commessi nelle aziende nella gestione del magazzino. Si tratta di comunissimi errori che condizionano l'azienda e la posizionano molto lontano dal raggiungimento del concetto di stoccaggio efficiente. Conoscere su quali aspetti si può perdere efficienza aiuta a comprendere come gestire al meglio gli spazi, le persone, le infrastrutture e la merce. Gli errori presentati non sono in ordine di importanza né di frequenza e in alcuni casi riguardano direttamente gli operatori del magazzino, mentre in altri riguardano il responsabile o il titolare dell'azienda.

2. LA MAPPA MENTALE

L'errore: Le ubicazioni della merce nel magazzino sono conosciute solo dal magazziniere o da pochi altri.

Questo problema accade generalmente nelle aziende di piccole e medie dimensioni e può essere definito come un errore legato alla gestione "artigianale" del magazzino. Lo stoccaggio viene quindi gestito a memoria e solo poche persone conoscono dove è allocata la merce. Non è detto che la merce venga allocata in modo sbagliato, ma questo comportamento pregiudica la sostituzione del magazziniere e ne rende una risorsa difficilmente sostituibile o rimpiazzabile. Nonostante tutta la buona volontà del magazziniere e la sua grande efficienza, tale errore potrebbe mettere a rischio la sicurezza della merce per:

- incapacità di tenere sotto controllo il livello di obsolescenza della merce

- incapacità di tenere a mente la posizione di codici che vengono scarsamente utilizzati.

Come già abbondantemente riportato in letteratura, ciascuna persona ha una capacità di memorizzare ed elaborare informazioni limitata (Bounded Rationality). Simon (*Simon H., 1991, Bounded rationality and organizational learning, Organization Science, 2(1)*) aveva dimostrato che un evento sembrava all'individuo più frequente solo perché si era manifestato di recente. Questo aspetto afferma che un magazziniere che tiene a mente tutte le merci, ha una percezione della loro movimentazione non sulla base dei prelievi o degli stoccaggi realmente effettuati ma sulla base di ciò che è stato spostato più recentemente.

3. MANCANZA DI PROCEDURA

L'errore: Le attività di prelievo o di stoccaggio della merce non vengono registrate in alcun modo, quindi le quantità a magazzino viste dal gestionale non corrispondono con le quantità fisicamente presenti.

Questo è un grave problema per il magazzino. La non tracciabilità comporta che possa verificarsi uno smarrimento temporaneo della merce nel magazzino. In altre parole, nel momento in cui serve il prodotto non si trova. Inoltre, non avere il controllo della quantità a magazzino è un rischio per l'azienda. Le dirette conseguenze sono:

- necessità di effettuare continui inventari per comprendere il livello della merce stoccata;
- necessità di rilevare a vista le scorte;
- incapacità di effettuare correttamente gli acquisti (soprattutto sul quanto e cosa acquistare);
- rischio di rottura di stock o al contrario di creare un eccesso di scorte.

Il non controllo in tempo reale può quindi causare di non soddisfare la domanda, sia che essa sia legata a un cliente esterno, che a un cliente interno (per esempio la produzione); in quest'ultimo caso si avrà il blocco e la rischedulazione della produzione.

Se nell'azienda è presente un sistema informativo di controllo delle scorte, ma i valori del sistema non sono uguali a quelli della scorta fisica, allora è necessario ricercare le cause del disallineamento. In molti casi i motivi sono:

- mancanza di procedura: non viene dichiarato il carico della merce o lo scarico oppure stock e picking del prodotto fisico non sono allineati con la registrazione a gestionale (si carica a gestionale quando c'è tempo);

- pigrizia: ne prendo un po' di più per non dovere ritornare ancora una volta a fare un nuovo prelievo;

- disattenzione: con merce il cui conteggi è difficile, il prelievo potrebbe costituire un problema, oppure si preleva un codice e si dichiara lo scarico di un altro codice (tale problema può definirsi fisiologico ed è difficile da rimuovere);

- prodotti non conformi: se il prodotto prelevato non è di qualità, viene scartato e non viene aggiornata la giacenza. Una buona procedura dovrebbe prevedere che ci fosse un processo di raccolta dei prodotti non conformi con relativo scarico da gestionale.

L'errore: Risulta difficile comprendere cosa sia contenuto in alcuni imballi (per avere conferma è necessario guardare dentro l'imballo).

Negli ambienti di stoccaggio in cui non sia presente un'efficace sistema di mappatura, il prelievo o le attività di movimentazione della merce vengono fatte a vista. Ciò significa che l'operatore deve sempre avere un riscontro diretto del prodotto che deve gestire. Capita in alcuni casi che le attività di prelievo siano in gran parte occupate da azioni di ricerca. Sempre in ottica di azienda Lean, il tempo di ricerca è un tempo a non valore aggiunto che si traduce in costo per l'azienda e di conseguenza in spreco. L'obiettivo deve essere quello di rendere il magazzino un ambiente in cui ogni missione deve essere precisa e non deve dare origine a confusioni. Per questo un sistema informativo in grado di orientare l'operatore a ciò che deve prelevare senza il bisogno di dovere verificare l'esattezza del prelievo diviene un obiettivo da perseguire.

4. AUTOMAZIONE DEI PROCESSI

L'errore: L'informatizzazione o l'automazione di alcuni processi è la soluzione dei problemi dell'azienda.

L'adozione di sistemi evoluti nella gestione del magazzino ha sicuramente la possibilità di apportare notevoli benefici, ma bisogna mettere in evidenza che la sola automazione potrebbe non costituire il miglioramento atteso. Infatti, l'errore più comune è non considerare quale cambiamento organizzativo sia necessario affinché si instauri la giusta sinergia tra uomini e mezzi/tecnologie. Adottare per esempio un palmare per la lettura dei codici prelevati consente di eliminare fastidiose picking list cartacee, ma dal momento che si elimina la carta è d'obbligo rivedere il processo in modo da non permettere agli operatori di "dimenticarsi" la lettura o di continuare a fare un po' di prelievi con palmare e altri con carta. Informatizzare o automatizzare comporta la definizione di regole che devono essere applicate in modo scrupoloso. Si consiglia quindi in fase preliminare al cambiamento di simulare in modo preciso tutte le varie conseguenze che l'adozione potrebbe comportare.

5. LE RESPONSABILITÀ

L'errore: Chiunque può accedere al magazzino e alla merce.

In alcune aree dell'azienda l'accesso è interdetto agli estranei o ai non "addetti". In alcune aziende di trasformazione, per esempio, l'accesso ai reparti produttivi impongono abbigliamenti adeguati per mantenere alte le condizioni di igiene. Il magazzino, invece, è in molte realtà interpretato come uno spazio a basso valore aggiunto dove chiunque può accedervi. In realtà nel magazzino devono essere create delle regole e chi vi accede le deve rispettare. Alcuni esempi che si rischia ancora adesso di ritrovare nelle aziende possono essere sintetizzati nei seguenti punti:

- Una persona entra e preleva il materiale che le serve. Questo capita spesso quando l'azienda lavora su più turni e la figura del magazziniere è presente sono in uno di questi. Se si verifica un fabbisogno quando il magazzino è non presidiato, si entra e si preleva il materiale con il rischio di creare anche disordine sulle scorte in giacenza (per cercare il materiale, si spostano dei codici).

- Il materiale non di qualità non viene messo in disparte né messo in evidenza. Può accadere di prelevare un articolo che non rispetti le condizioni di qualità. La domanda è: esiste un comportamento condiviso tra tutti coloro che accedono al magazzino per ovviare a questo problema? In altre parole, esiste un contenitore dove riporre il materiale da scartare o un modulo da compilare per dichiarare l'inconveniente? Se non esiste una regola di comportamento condivisa è probabile che gli atteggiamenti conseguenti siano legati alla libera intraprendenza: il materiale viene cestinato (e si crea una differenza inventariale), il materiale viene lasciato al suo posto (rimandando il problema a un momento successivo), il materiale viene appoggiato in un posto non precisato del magazzino (creando disordine operativo).

- I danneggiamenti dei prodotti non vengono segnalati. Il prodotto che viene inavvertitamente danneggiato durante le operazioni di magazzino dovrebbe essere scaricato dal magazzino dopo attenta analisi del danno. In particolare è necessario comprendere se una successiva lavorazione può portare il prodotto alle giuste condizioni di qualità che ne permettano la commercializzabilità. Comunque il prodotto che ha subito danni deve essere analizzato per comprendere l'origine del danno. In condizioni di mercato in cui l'orientamento comune è quello di ridurre e abbattere gli sprechi, è necessario mettere in evidenza le cause del danno per valutare quali atteggiamenti o comportamenti adottare per eliminare il rischio di nuove incidentalità. Nella letteratura un modello utilizzato di frequente è il Failure Mode Effect Analysis (FMEA), un approccio che grazie alla valutazione del rischio consente di rendere le operazioni più sicure e con una probabilità di guasto o errore minore.

6. L'ORDINE

L'errore: Manca l'ordine a magazzino.

Per ordine a magazzino si intende dare delle regole su dove e come allocare la merce, definire gli spazi per la movimentazione della merce, definire gli spazi per la movimentazione delle persone. L'ordine a magazzino è sicuramente una condizione in grado di aumentare la sicurezza di persone e prodotti. I rischio più comune nei magazzini disordinati è la possibilità di smarrire (temporaneamente) la merce. Questo aspetto è purtroppo comune in alcune realtà in cui si preferisce la velocità di alcune operazioni a fronte di operazioni fatte correttamente. Nella pratica capita che un prodotto venga depositato in un'area non adatta e poi, per diversi motivi, quel prodotto venga nascosto da altri e poi dimenticato in quella posizione. Quando quel prodotto servirà, il gestionale (se il materiale è stato caricato correttamente a magazzino) evidenzierà la sua presenza, ma quando sarà da andarlo a prendere l'unica soluzione è la ricerca nel magazzino (le persone che cercano sono un costo per l'azienda, come affermano le pratiche lean). Il motivo del disordine può essere legato:

- Alla velocità delle operazioni da compiere, come può accadere in taluni casi quando si accumulano molte attività e il tempo per gestirle è ridotto.

- Alla confusione operativa e procedurale, mancando una rigida procedura esecutiva che impone a ciascuna attività di essere terminata correttamente prima di passare alla successiva, l'operatore non termina la missione e disperde la merce nel magazzino o sposta la merce senza che lo spostamento sia stato registrato.

- A disattenzioni dell'operatore. Si tratta di un errore fisiologico, difficilmente eliminabile se non adottando sistemi informativi in grado di prevenire il problema. In pratica, l'operatore deve mettere la merce in una locazione, ma per distrazione ne sbaglia le coordinate (invece che mettere la merce in Baia 03 - Posto 05 - Livello 20, mette il prodotto in Baia 05 – Posto 03 – Livello 20). Con un sistema informativo che richiede la lettura (codice a barre) della postazione in cui si fa lo stoccaggio o il prelievo si riducono drasticamente questi problemi.

- A situazioni di sovraccarico del magazzino. In alcuni periodi dell'anno, come per esempio nel periodo estivo, alcune aziende sono costrette ad accumulare scorte in eccesso per la difficoltà di reperire la merce e per non rischiare lo stock out. In tale situazione è comunque buona cosa allestire delle aree ben definite in cui posizionare la merce che non può essere ospitata nelle corrette posizioni.

7. LE ROTAZIONI DELLA MERCE

L'errore: Nel magazzino c'è merce che da molti anni non viene movimentata.

Alcune aziende hanno a magazzino dei prodotti che difficilmente potranno essere commercializzati o usati nei prossimi anni di attività. Tali prodotti possono essere la conseguenza di

- Acquisti in eccesso rispetto al reale fabbisogno, legati a volte all'utopia di riuscire ad avere degli sconti maggiori. Nella maggior parte dei casi si tratta proprio di "un'utopia" in quanto generalmente lo sconto ricevuto è nettamente inferiore al costo di gestione a magazzino della merce, al costo del suo mantenimento e al costo legato alla riduzione della liquidità.

- Cambiamenti del mercato. Alcuni prodotti potrebbero non essere più graditi dagli acquirenti, oppure il prodotto ha raggiunto nella sua vita la fase di declino. La riduzione della produzione o della richiesta comportano una diminuzione degli indici di rotazione per quell'articolo e il prolungamento del periodo di stoccaggio.

Il problema causa un fabbisogno di spazi superiori alla reale necessità del magazzino e un aggravio di costi di gestione. La merce obsoleta occupa spazio e può intralciare o limitare la normale operatività di magazzino. La soluzione è la definizione di un'area remota di magazzino dove stoccare questo materiale, oppure la vera e propria eliminazione.

L'errore: Nel magazzino non si misura nessun indice di prestazione.

Per qualsiasi processo, nel momento in cui si voglia migliorare o cambiare è necessario misurare le prestazioni. Se questo sembra essere prassi comune nella produzione, molte volte non si effettua nel magazzino. Generalmente l'unico dato che si va a verificare è la giacenza delle scorte ed eventualmente l'indice di rotazione. Il magazzino, come sistema complesso, può essere monitorato rilevando altri indici in grado di mettere in evidenza procedure sbagliate o organizzazioni inefficienti. Nella tabella seguente vengono elencati alcuni parametri che si possono rilevare nella normale gestione di un magazzino.

#	COSA MISURARE
1	Tempo di scarico del mezzo
2	Tempi di condizionamento (reimballo o etichettatura)
3	Pallet o Colli scaricati per ora
4	Pallet o Colli conformi su pallet totali in arrivo
5	Tempo da scarico ad accettazione
6	Tempo da scarico a stock
7	Pallet o Colli movimentati per persona
8	Pallet o Colli danneggiati durante lo scarico
9	Giacenza media per codice
10	Indice di rotazione per codice
11	Posti pallet occupati mediamente a magazzino
12	Posti pallet totali a magazzino
13	Saturazione media del magazzino (posti occupati su posti totali)
14	Frequenza della rottura di stock (stock out) nel periodo
15	Abbassamenti medi nel periodo
16	Colli o Pezzi prelevati (picking) per ora per persona
17	Tempo medio di prelievo per ordine
18	Pallet o Colli danneggiati durante il picking
19	Ordini preparati al giorno
20	Ordini preparati correttamente (senza errori di prelievo) su ordini totali
21	Ordini completi (con tutta la merce richiesta da ordine) su ordini totali
22	Codici con giacenza corretta su un campione di codici
23	Tempo di preparazione della spedizione
24	Tempo di preparazione pallet (filmatura + etichettatura)
25	Tempo di carico del mezzo
26	Mezzi caricati nel periodo
27	Pallet o Colli danneggiati durante il carico
28	Quantità resa su quantità totale spedita
29	Tempo di gestione di un reso
30	Quantità o valore della merce che non è stata movimentata negli ultimi due anni

Figura 84: Tabella con i principali indici da misurare

8. MANCANZA DI SPAZI

L'errore: Se il magazzino diviene insufficiente, si acquistano o si affittano nuovi spazi.
La scelta di espansione deve rappresentare "l'ultima spiaggia", ovvero la scelta ultima decisa solo dopo avere preso in considerazione tutte le altre alternative. Acquistare o affittare un nuovo magazzino può nella realtà introdurre delle criticità operative. La frammentazione degli spazi di stoccaggio necessita di sistemi informativi in grado di mantenere sotto controllo i livelli di scorta in tutti i magazzini. Il processo di prelievo e preparazione dell'ordine diviene più laborioso dal momento che si rischia che alcuni codici siano presenti in un posto e altri in un altro posto. La letteratura e la pratica di grandi aziende ha messo in evidenza che una riduzione notevole dei costi di gestione di un magazzino si ha quando si effettua l'accentramento delle scorte. Una proliferazione dei magazzini infatti comporta:

- Aumento delle risorse necessarie alla gestione delle scorte, basti pensare che sono necessari più carrelli elevatori, più personale e l'estensione a nuove aree di sistemi informativi (p.e. creazione nei nuovi spazi di nuove reti in radiofrequenza).

- Difficoltà di coordinare azioni di preparazione di un ordine se parte della merce è in un posto e il resto è fisicamente locato in un altro posto, magari distante anche alcuni chilometri. La maggiore criticità viene alla luce nel momento in cui è necessario creare un servizio di navettaggio tra un posto e l'altro.

- Difficoltà di tenere sotto controllo il livello della merce e rischio di duplicazione delle scorte (parte di merce in un magazzino e il resto in altro), soprattutto se il sistema informativo è carente o inadeguato.

Si raccomanda in queste situazioni di valutare tutte le varie tipologie di stoccaggio (dalla scaffalatura drive in, alla scaffalatura compattabile fino all'adozione di traslo elevatori) che permettono di aumentare la capacità del magazzino, in alcuni casi con investimenti contenuti.

9. IL RUOLO DELLE PERSONE

L'errore: La posizione della merce non è pensata per facilitare le operazioni di magazzino.

La logica della disposizione della merce nel magazzino deve essere quella di garantire agli operatori il minimo sforzo e la massima sicurezza. Per questo motivo una disposizione secondo logiche ABC può rappresentare la soluzione per diminuire la lunghezza delle tratte. In pratica si consiglia di mettere ciò che serve maggiormente in posizione facilmente raggiungibile, penalizzando la posizione di prodotti che servono meno. In altri casi, si devono applicare tutte le pratiche di sicurezza per garantire gli operatori dal sollevamento di pesi eccessivi o dal rischio che il materiale prelevato possa offendere o minacciare l'integrità fisica di chi lo movimenta. Alcune regole banali sono quelle di non mettere merce pesante da prelevare in posizioni alte, consentire l'accesso alla merce in modo agevole (selettività), progettare con cura le posizioni in cui i prodotti devono essere posizionati.

L'errore: Nelle attività di miglioramento del magazzino non si tengono in considerazione i pareri degli operatori.

Qualsiasi attività che coinvolga il cambiamento di regole e procedure del magazzino deve essere fatta in stretta relazione con tutti coloro che vivono in quell'area. Questo permette di individuare agevolmente gli elementi di criticità ma permette di ottenere in tempi rapidi delle proposte operative in grado di portare a un reale miglioramento. Non considerare il talento degli operatori potrebbe essere un errore molto grave al punto che si potrebbero avere, per esempio, atteggiamenti di abbandono delle regole operative suggerite in quanto ritenute non efficaci. La classica risposta che si ottiene dopo questi fatti è: "l'abbiamo fatto ma non ha funzionato ed è stato abbandonato". Si può affermare che è necessario non calare le regole dall'alto ma fare in modo che siano concordate, condivise e applicate con la piena approvazione di tutti. Il miglioramento verrà tanto prima adottato tanto più evidente è il reale vantaggio generato per tutti.

10. CONCLUSIONI

L'efficienza nel magazzino può essere raggiunta semplicemente controllando gli errori. A volte, il miglioramento non è il frutto di pesanti investimenti bensì di "buon senso" come afferma Imai Masaaki nel suo libro Gemba Kaizen. Gli errori presentati non hanno uguale priorità, alcuni devono essere affrontati e limitati con massima priorità, mentre altri possono considerarsi fisiologici. La cosa importante può essere quella di usare il presente lavoro per fare un check della situazione del proprio magazzino.

Bibliografia

Aguiari G., Marini G., 2004, *La logistica nell'economia senza frontiere*, Franco Angeli.

Andriano A., 2005, *Produzione e logistica*, Franco Angeli.

Da Villa F., 2000, *La logistica dei sistemi manifatturieri*, ETAS

Dallari F., Marchet G., 2003, *Rinnovare la supply chain*, Il Sole 24 Ore.

Emmett S., 2005, *Excellence in Warehouse Management*, John Wiley & Sons.

Frazzelle E. H., 2002, *World Class Warehousing and Material Handling*, Mc-Graw Hill.

Imai M., 2001, *Gemba Kaizen*, Il Sole 24 ore.

Rushton A., Croucher P., Baker P., 2010, *The Handbook of Logistics & Distribution Management*, The Chartered Institute of Logistics and Transport.

Vignati G. (a cura di), 2002, *Manuale di Logistica*, Hoepli.

Vona R., 2005, *Gestione della Produzione*, Carocci Editore.

Autore
Andrea Payaro

Consulente di direzione certificato al massimo livello di competenza da ELA (European Logistics Association). Laurea in Ingegneria Informatica; Dottorato di Ricerca in Ingegneria Gestionale presso l'Università di Padova con tesi sui livelli di adozione dell'e-business nelle grandi aziende del Nord-Est. Corso di specializzazione post-dottorato in Ingegneria Gestionale, è stato professore a contratto di marketing e logistica presso l'Università di Padova fino al 2012.

Dal 2000 sviluppa attività di ricerca e consulenza in ambito logistico (gestione e controllo della produzione, organizzazione del magazzino, lean manufacturing) e di integrazione dei sistemi informativi nelle funzioni aziendali del marketing e della supply chain. Recentemente le sue ricerche sono concentrate sui temi della logistica sostenibile. Membro del consiglio direttivo di AILOG (Associazione Italiana Logistica), collabora con riviste nazionali nel settore del marketing e di logistica.

Ha presentato i contenuti delle sue attività e delle sue ricerche presso convegni internazionali e in Master Italiani e Internazionali. Ha tenuto corsi sull'organizzazione dei magazzini e la loro progettazione, sulla tracciabilità e rintracciabilità dei prodotti, sulla lean manufacturing e customer service nelle Università di Brasov (Romania), Chisinau (Moldavia), Minsk (Bielorussia), Mosca (Russia), Sofia (Bulgaria) nell'ambito di progetti internazionali di AILOG. Ha insegnato in Master presso l'Università Cattolica di Milano, le Università di Padova, Palermo, Parma, Trieste e Verona. Dal 2000 realizza seminari formativi per managers con le principali Associazioni di Categoria. Dal 2009 è docente esperto nei corsi organizzati dal Ministero delle Infrastrutture e dei Trasporti.

Made in the USA
Middletown, DE
05 November 2026

36607867R00117